오브리가다!
아마존

오브리가다!
아마존

지은이 | 미나미 겐코
옮긴이 | 손성애
펴낸이 | 이명회
펴낸곳 | 도서출판 이후
편집 | 김은주, 신원제
영업 | 김우정
디자인 | 이수정

첫 번째 찍은 날 | 2011년 4월 28일

등록 | 1998. 2. 18(제13-828호)
주소 | 121-800 서울시 마포구 합정동 412-17번지 세미텍빌딩 4층
전화 | 대표 02-3141-9640 편집 02-3141-9643 팩스 02-3141-9641
홈페이지 | www.ewho.co.kr

ISBN 978-89-6157-048-0 03980

이 도서의 국립중앙도서관 출판시도서목록(CIP)은 e-CIP 홈페이지
(http://www.ni.go.kr/cip.php)에서 이용하실 수 있습니다.
(CIP 제어번호: CIP 2011001515)

Obrigada

오브리가다!
아마존

미나미 겐코 지음 | 손성애 옮김

이후

＊일러두기

　본문에 추가된 설명 가운데 '저자 주'라고 따로 밝히지 않은 것은 모두 옮긴이가 적은 것입니다.

나를 부끄럽게 한 사람들,
기쁘고도 놀라운 땅

1989년 5월, 영국 가수 스팅이 브라질의 원주민 장로 라오니와 함께 "아마존을 지키자"는 구호를 앞세우고 전 세계를 돌면서 캠페인에 나섰다. 나의 아마존 지원은 스팅과 라오니 일행이 일본에 왔을 때 봉사 활동을 하면서 인연을 맺은 뒤부터 지금까지 계속되고 있다.

'지구의 허파'인 아마존 열대림은 지구 북반구, 즉 선진국들의 생활이 풍요로워지면 풍요로워질수록 그에 반비례하여 감소하고 있으며, 정글을 주거지로 삼고 있는 인디언들의 생활을 위협하고 있다.

오늘날 우리들은 돈의 지배를 받는 자본주의 사회에서 살아가고 있다. 이런 말을 하는 나 역시 사람들에게 아마존 지원금을 한 푼이라도 더 지원받기 위하여 발바닥에 불이 나도록 뛰어다니고 있다. 거기에, 내 돈 쓰면서 하는 일인데 누가 잔소리를 하겠느냐며 생각 없이 야금야금 꺼내 썼더니 작년에 아마존 여행을 마치고 도쿄에 돌아왔을 때는 통장에 잔고가 291엔밖에 남지 않았다. 다행히 친구들과 지인들이 옷을 선물해 주고 쌀과 차를 보내 와, 겉보기에는 그래도 아직 여유가 있어 보였다. 사실 우리 단체뿐만 아니라 일본의 NGO(Non-Governmental Organization, 비정부 국제 민간단체)는 늘 심각한 자금난에 시달리고 있다. 그래서 NPO법인(Non-Profit Organization, 특정 비영리 활동 법인)의 면세 제도가 확대되고 기업들의 환경운동에 대한 이해가 확산된다면 이러한 민간단체들의 해외 지원 활동이 더 활발해질 것이라고 나는 믿는다.

'인디오'라 불리는 사람들, 그리고 그들 스스로 '인디오'라 부르는 브라질 원주민들에게는 우리가 이미 오래 전에 잃어버린 인간의 놀라운 지혜가 살아 있다. 내가 아마존을 지원하는 까닭도 여기에 있다. 우리는 잃어버렸지만, 사람이라면 당연히 지녀야 할 소중한 마음이 그들에게는 아직 남아 있다.

언젠가 싱구Xingu 강 상류 지역에 사는 주루나Juruna 족 마을에 머물렀을 때의 일이다. 일본에서 가지고 간 캐러멜을 몰래 숨어 먹은 적이 있는데, 어쩌다 네 살짜리 인디오 여자아이들에게 딱 걸리고 말았다. 민망하고 당황스러워

어쩔 줄을 모르다가 주머니에 딱 하나 남은 캐러멜을 가장 가까이에 있던 여자아이에게 내밀었다. 다른 두 아이한테는 나중에 다른 걸 줘야지, 하면서. 그러자 놀랍게도 나에게 캐러멜을 받은 여자아이가 캐러멜을 입에 넣더니 세 조각으로 나누어 다른 여자아이들에게 주는 것이 아닌가. 그걸 본 나는 어른으로서의 내 행동에 몹시 창피했다. 하지만 그 창피함도 잠시, 이렇게 서로 나누고 베푸는 마음을 어린아이 때부터 가르치는 이런 사회가 아직도 지구상에 남아 있다는 사실이 기쁘고도 놀라웠다.

우리 단체가 지원하는 지역은 브라질 원주민 보호구역이다. 하지만 보호구역이라고 해서 누구나, 아무나 들어갈 수 있는 곳은 아니다. 나 역시 아마존과 인연을 맺고 12년이 흘러서야 비로소 내가 겪은 일을 글로 쓸 수 있게 되었다. 이제부터 시작하는 이야기는 내가 직접 눈으로 보고 겪은 일들이다.

2000년
미나미 겐코

차례 -

싱구 인디오 국립공원

아마존 강 지류와 싱구 강 유역에 위치.

싱구 인디오 국립공원은 브라질 중앙부에 위치한 파라PARÁ 주와 마트그로수MATO GROSSO 주에 걸쳐 2만 7,000제곱킬로미터(우리나라 경상도 크기)의 면적을 차지하고 있다. 싱구 지역과 고로띠레 지역, 꾸벤꼬꾸레 지역, 바우 지역으로 나뉘어져 있으며, 바우 지역을 제외한 나머지 지역은 1992년 11월 26일, 브라질 정부의 승인으로 영구 인디오 보호구역으로 지정되었다. 이곳에는 18부족(땅굴, 메이나꾸, 이아라뿌쩨, 까마유라, 까라빠로, 꾸이꾸루, 마띠뿌, 뚜루마이, 나뿌꾸아, 까야비, 주루나, 스야, 찌까웅, 고로띠레, 시끄링, 추까하마에, 아우에쩨, 와우라), 약 2만 명의 원주민들이 살고 있다.

이곳 싱구 인디오 보호구역이 외부와 처음 접촉한 것은 불과 40년 전이다. 인류학자이자 무신론자였던 빌라스 보아스Villas Boas 형제가 처음 만난 마띠뿌 족의 문화를 존중하고 이 땅에 기독교를 들여오지 않았던 덕분에 이곳은 지금까지 인디오의 전통문화가 잘 계승되고 있는 중요한 지역이다. 브라질에 있는 대부분의 인디오 사회는 기독교로 개종되면서 인디오 문화가 사라지고 말았다.

이 지역이 특히 주목받는 것은 기후 때문이다. 사바나와 열대우림 기후가 공존하는 이 지역은 빙하기에도 숲이 죽지 않았다. 덕분에 종의 피난처가 되었고, 지구 생물 자원의 약 절반이 이곳에 살아남았다. 지금까지 발견된 종은 전체의 2퍼센트밖에 되지 않아, 앞으로 에이즈나 암 같은 병의 특효약이 발견될 것으로 기대된다.

그러나 최근 이 지역 주변에 목장이 만들어지고 광물 채굴장 등이 잇따라 개발되면서 이곳 인디오 보호구역은 육지의 외딴섬이 되어 버렸다. 1992년까지는 정부 기관인 〈뿌나이〉(FUNAI, 국립 인디오 기금)가 전면에 나서서 인디오를 보호해 왔지만 채무에 시달린 브라질 정부가 외화 획득을 위한 개발 사업을 우선시하면서 〈뿌나이〉의 연간 예산을 기존의 75퍼센트로 깎았다. 현재 '싱구 인디오 국립공원'은 정부가 영구 보호구역으로 공식 인정했음에도 브라질 당국보다는 시민 단체나 다른 나라의 자금 지원으로 보호되고 유지되는 형편이다.

인디오들의 생활에도 많은 변화가 일어났다. 외부에서 가져온 병원균 때문에 생명을 잃는 사람들이 속출하고 있으며, 심각한 의약품 부족으로 긴급 의료 지원이 절실하다. 또 화폐경제 시스템이 없는 인디오들이 미래에도 존속하면서 브라질 사회의 최하층민으로 종속되지 않으려면 인디오를 교육하는 프로젝트 또한 꼭 필요하다. 전 세계 열대림의 15퍼센트를 차지하는 브라질 열대림을 다국적기업과 개인이 소유하고 있는 지금, 이곳을 보호하는 길은 인디오 보호구역을 법적으로 인정하고 보호하는 길뿐이다.

주요 등장인물

라오니 메뚜띠레(약 83세)

2만 명 정도 되는 까야뽀 족의 추장이며 브라질 인디오들의 정신적 지주다. 인디오의 존속과 열대림 보호에 대해 일관된 주장을 하고 있으며, 1989년에는 스팅과 함께 세계 16개국을 돌면서 "아마존을 지키자" 캠페인을 벌였다.

메가롱 추까하마에(약 50세)

라오니의 조카이자 고로띠레 지역에 사는 까야뽀 족의 리더이며, 이 지역의 행정 책임자다. 또 까야뽀 족이 조직한 〈이쁘레리 위원회〉의 대표도 맡고 있다. 문명사회와 인디오 사회 양쪽을 다 이해하고 있는 위대한 인디오다.

빠울로 삐나제

1952년에 브라질의 리우데자네이루에서 태어났다. 1992년까지 〈뿌나이〉에서 일했으며, 1993년에는 시민 단체인 〈인디오 영상 센터(CCII)〉를 만들었다.) 1998년에는 RFJ 브라질 지부를 설립하여 RFJ의 현지 지원 사업에 실질적인 협력을 하고 있다.

뿌나이(FUNAI, 국립 인디오 기금)

원주민과 관련된 모든 것을 맡고 있는 행정기관으로, 법무성에 소속되어 있다. 1967년 12월, 다음과 같은 목적으로 설립되었다.

"인디오 각 종족들의 관습과 공동체를 존중하며, 브라질 헌법에 따라 인디오가 거주하고 있는 토지에 대한 영구적인 소유권과 그곳에 있는 천연자원의 독점적 이용을 인디오들에게 보장한다. 브라질 사회와 접촉하는 인디오 공동체를 인정하고 강제성이 없는 자발적인 문화 변화를 옹호하는 기관이다."

RFJ(Rainforest Japan, 열대우림 보호 단체)

1989년에 일본에서 만든 단체로, 열대림 보호와 아마존 인디오 인권 보장에 힘쓰고 있다. 아마존에 인디오를 위한 학교를 세우고 의약품을 지원하며 인디오 문화를 지키는 일을 한다.

남미 대륙과 브라질

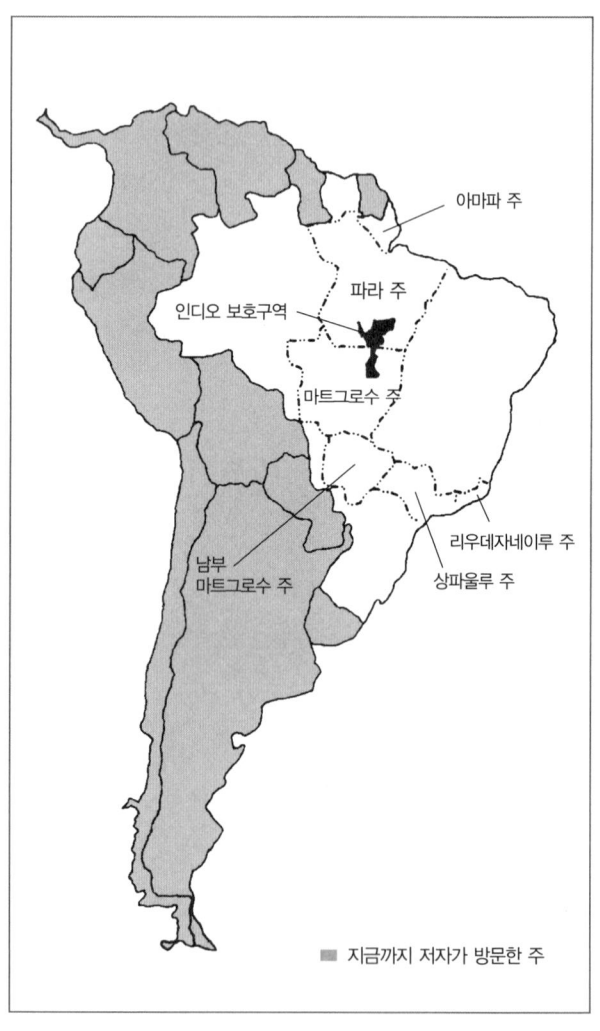

아마파 주

파라 주

인디오 보호구역

마트그로수 주

남부
마트그로수 주

리우데자네이루 주

상파울루 주

■ 지금까지 저자가 방문한 주

싱구 인디오 국립공원과 까야뽀 족 보호구역

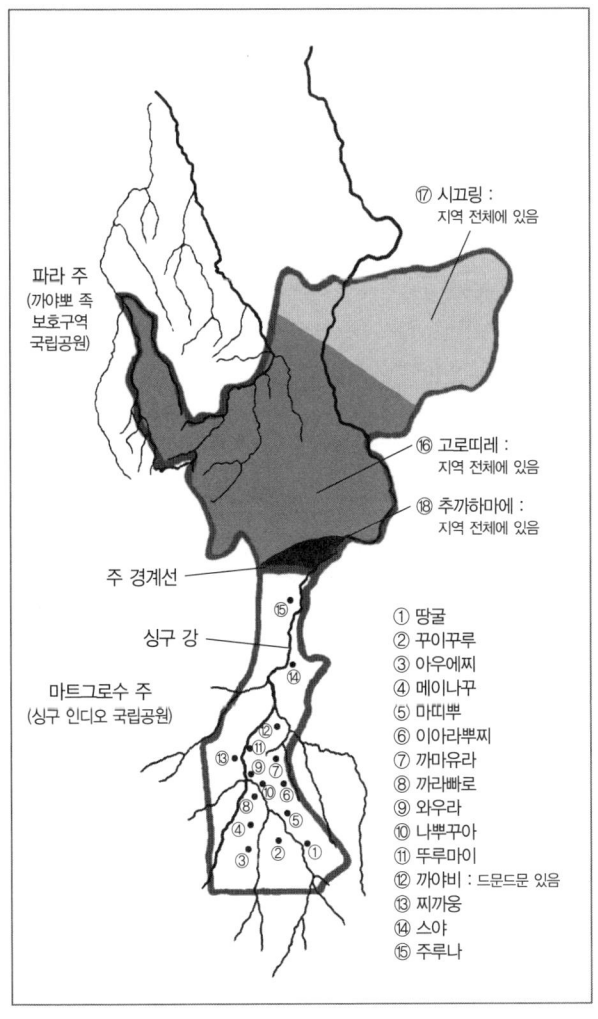

⑰ 시끄링 :
지역 전체에 있음

파라 주
(까야뽀 족
보호구역
국립공원)

⑯ 고로띠레 :
지역 전체에 있음

⑱ 추까하마에 :
지역 전체에 있음

주 경계선

싱구 강

마트그로수 주
(싱구 인디오 국립공원)

① 땅굴
② 꾸이꾸루
③ 아우에찌
④ 메이나꾸
⑤ 마띠뿌
⑥ 이아라뿌찌
⑦ 까마유라
⑧ 까라빠로
⑨ 와우라
⑩ 나뿌꾸아
⑪ 뚜루마이
⑫ 까야비 : 드문드문 있음
⑬ 찌까웅
⑭ 스야
⑮ 주루나

인디오들은 포르투갈이 침략하기 훨씬 이전부터

대서양의 비옥한 토지에서

낙원 같은 삶을 누렸다.

그러나 인디오들은 침략자들에게 쫓기고 생활의 터전을 잃으면서

내륙으로 도망쳤다.

〈뿌나이〉의 자료에 따르면 1997년에는 약 230개 부족,

7백만 명~1천만 명 정도의 원주민들이 있었던 것으로 추정된다.

그러나 지금은 한 사람만 남은 곳까지 포함해

180개 부족, 약 32만 명 정도가 살고 있는 것으로 알려져 있다.

제 1 장

아마존, 아홉 번째 여행

목숨을 건 비행

1998년 8월 13일 이른 아침, 브라질 중앙에 위치한 마트
그로수 주州의 주도州都 꾸이아바Cuiaba에서 6인승 소형 경
비행기 석 대가 까야뽀 족族의 추장 라오니가 살고 있는
메뚜띠레(Metutire, 마트그로수 주에 있는 고로띠레 인디오 국
립공원 안)를 향했다. 이번 방문은 일본의 TBS 텔레비전에
서 인디오의 전통문화를 소개하는 다큐멘터리를 만들어
시청자들에게 소개하고 싶다고 해서 함께하게 됐다. 방송
국에서 온 다섯 명과 우리들 RFJ 브라질 지부의 사무국장
인 빠울로 뻬나제, 직원 아오야마 시호青山 志歩, 그리고
나, 이렇게 모두 여덟 명이 떠났다. 어떤 여행이 될지 긴장
되기도 했지만 아마존 정글에 들어간다는 사실 하나만으
로도 가슴이 두근거렸다.

이륙하고 15분 정도 지나자 발아래로 목장이 펼쳐지기

시작했다. 목초지가 끝없이 이어졌고, 검붉은 대지가 내려다보였다. 점점이 보이는 소 떼는 깨를 뿌려 놓은 것 같았다. 가끔씩 작은 마을이 보일 뿐, 똑같은 풍경이 이어졌다. 열대림이 사라지는 이유의 80퍼센트가 목장 조성 때문이라는 사실을 다시 한번 실감하는 순간이었다. 6년 전 처음으로 브라질을 방문했을 때, 변변한 목초도 없는 산성 토양에서 바짝 마른 소들을 기르는 것을 보고는 참으로 비효율적이라는 생각을 했다. 그러나 브라질에서 목장을 만들면 10년 동안 토지세를 면제받을 수 있다는 이야기를 듣고는 속사정을 조금 이해하게 되었다. 여기에 1970년대에 두 번에 걸친 전 세계적인 오일 쇼크 이후, 유럽의 자동차 사업에서 눈을 돌린 미국 기업들이 브라질의 쇠고기를 목표로 목장을 조성하기 시작한 것 또한 원인이 되었다. 이것이 바로 '햄버거 커넥션'이다. 최근에는 이 브라질 쇠고기가 애완동물의 사료로 전 세계로 팔려 나가고 있다고 한다.

비행기가 출발한 지 네 시간 가까이 지났을까? 갑자기 주변 풍경이 변했다. 녹색 양탄자를 깔아 놓은 것 같은 정글, 그리고 그 사이로 커다란 뱀이 천천히 움직이는 것처럼 보이는 싱구 강이 나타났다. 태곳적부터 그대로 간직해 온, 변하지 않는 고요함. 정글의 정령들이 자연의 법칙에 따라 살아가는 세계. 인간의 상식 따위는 통하지 않는 세계다. 나는 늘 하던 것처럼 조용히 눈을 감고 두 손을 모아 이 신성한 영역으로 들어가기 위한 마음의 준비를 시작했다. 숲에 사는 신들에게 이번 여행이 무사히 끝날 수 있도록 해 달라고, 의미 있는 시간을 보내게 해 달라고, 절대로 비겁한 행동은 하지 않겠으니 지켜 달라고 간절히 기도했다. 이 웅장하면서도 늠름한 성역을 대하면 무언지 모르게 굉장히 엄숙한 기분이 든다.

이곳에 사는 까야뽀 족이 외부 세계와 접촉한 것은 40년 정도밖에 되지 않았다. 당시 인디오 접촉관이었던 빌라스 보아스 3형제가 다행히 이 땅에 기독교를 들여오지 않았기에 인디오의 독자적인 문화가 지금까지 이어지고 있다. 또한 아직 화폐경제 시스템이 확립되지 않아 기본적으로 돈이 통용되지 않는 세계이기도 하다. 즉 이 말은, 우리가 사는 세상에서 중요하게 생각하는 지위, 냉예 같은 직함과 가치관은 아무런 의미가 없다는 뜻이기도 하다.

1993년, 브라질 정부는 까야뽀 족이 살고 있는 지역과 다른 18개 부족이 사는 싱구 강 지역을 합친 약 18만 평방 킬로미터의 광대한 면적을 원주민 보호구역으로 지정하고 법적으로 승인했다. 하지만 브라질 국내 사정은 그리 좋지 않아서, 살인적인 물가 상승과 누적된 채무까지 해결하느라 외화를 벌 수 있는 개발 우선 정책을 취할 수밖에 없었다. 그러다 보니 환경보호나 원주민의 인권 문제는 뒷전이었고, 보호구역 안에서의 자연보호 활동과 원주민 의료를 비롯한 사업 자금은 전부 해외 민간단체와 브라질 시민 단체를 통해 조달해야 했다.

사실 원주민을 위한 자금이 부족한 까닭은 다른 데 있었다. 수도 브라질리아에서 만난 브라질의 신문기자는 내게 이렇게 말했다.

"브라질의 부자 다섯 명만 마음을 먹으면 빚은 얼마든지 갚을 수 있어요. 문제는 브라질 정부가 인디오들이 없어지는 편이 낫다고 생각한다는 데 있지요."

경비행기의 비행사가 손가락으로 아래를 가르쳤다. 정글에 덩그마니 메뚜띠레 부락이 보였다. '남자의 집'(남성만 사용할 수 있으며, 여성이나 외부인은 들어갈 수 없는 금기 지역)을 중심으로, 시계처럼 원을 그리며 20여 채의 집들이 늘어서 있었다. 티셔츠와 얇은 바지만 걸치고 맨발에 슬리퍼를 신고 있던 나는 서둘러 긴소매 옷으로 갈아입고 바짓단을 양말 속에 집어넣은 뒤, 목에는 수건을 둘렀다. 그러고도 마음이 놓이지 않아 옷 위로 벌레 퇴치용 스프레이를 잔뜩 뿌린 뒤, 마지막에는 화장수를 얼굴에 도배하듯이 덕지덕지 발랐다. 고도가 아까보다 아래로 내려간 탓일까, 기내의 찌는 듯한 무더위에 땀으로 목욕을 하면서 내 앞에 앉아 있던 카메라맨 마키노牧野 군이 이상하다는 듯 나를 쳐다봤다. 그런 마키노 군을 보면서 나는 속으로, '조금만 있으면 알게 될걸!' 하며 회심의 미소를 날렸다.

6인승 경비행기라고 하지만 사실 너비는 소형차 정도밖에 안 된다. 일정한 고도를 유지하면서 비행할 때는 그래도 쾌적하지만, 이착륙을 할 때는 롤러코스터를 탄 것처럼 정신이 없다. 활주로도 정글에 있는 나무를 잘라 내 대충 길을 냈을 뿐, 길이도 짧고 고르지도 않아 착륙한 뒤에도 심하게 흔들렸다. 게다가 경비행기는 금광 채굴 업자들만 이용하기 때문에 가격이 비싼데다가 시설은 형편없었다. 안전벨트는 당연히 없었고 문은 잠갔다고는 하나 말뿐이다. 덜컹거리는 문은 제대로 잠기지 않아 언제 열려도 이상하지 않을 정도였다. 믿고 의지힐 곳이라고는 조종사의 실력 하나다. 다행히 이번에 경비행기를 조종해 준 세바스찬은 공군에서 인정받던 실력파라 조종 기술 하나만큼은 최고라서 안심했다. 진짜인지 거짓말인지 모르지만 "세 번에 한 번은 나도 떨어져요. 일주일 전에도 떨어져서 전부 다 죽었어요"라며, 무덤덤하게 웃던 세바스찬의 모습이 새삼 떠올랐다. 그래도 다행히 이번에는 무사히 착륙할 것 같다.

피할 수 없다면 적응하라

메뚜띠레 주민이 손을 흔들고 있는 모습이 보였다. 라오니와는 1년 만의 재회다. 1989년, 도쿄에서 라오니와 만나지 않았다면 지금의 나는 없었을 것이다. 라오니는 내 인생을 송두리째 바꾼 사람이기 때문이다. 라오니는 1997년, 가까운 목장에서 인디언 구역으로 들어온 소들과 싸우다가 발을 다친 이후로 지팡이 없이는 걸을 수 없게 됐지만 그 커다란 몸과 위엄 있는 품격은 여전히 건재하다. 아무리 보아도 여든 살이 넘은 사람으로는 도저히 생각되지 않는다.

아랫입술에 끼워 넣은 용사의 상징인 접시를 위로 올리고 라오니는 이쪽을 뚫어져라 쳐다보았다. 내가 가까이 다가가자 굳었던 표정이 풀리면서 씩 웃으며 나를 감싸 안았다. 옆에 있던 라오니의 부인과도 뜨거운 포옹을 나누었다. 시골 할아버지, 할머니를 만나러 온 것 같은 포근함이 느껴졌다. 얼마나 그리웠던가! 까야뽀 족은 부락으로 돌아가면 인사치레로 엉엉 우는 습관이 있다.

그 당시에는 긴장감 때문에 주변 상황을 파악하지 못하

고 있었지만, 그 몇 분 사이에 모기떼들이 머리 위로 몰려들어 엄청나게 큰 모기 기둥을 만들고 있었다. 부채로 내쫓지 않으면 순식간에 모기떼들의 먹잇감이 되고 말 것이다. 사실 이것은 모기가 아니라 '삐용(sand fly, 열대에 서식하는 작은 파리. 동물의 피를 빨아먹고 사는 흡혈 곤충으로, 한번 물리면 심하게 가렵고 피고름이 난다.)'이라 불리는 파리과 곤충이다. 모기보다 움직임이 둔하고 크기도 반밖에 안 되지만 아무데나 팔락팔락 잘 날라붙는 습성을 가지고 있다. 한번 물리면 깨알 같은 작은 피멍이 생기고, 몇 분 뒤에는 심하게 가려워진다. 이 가려움증은 며칠 동안 이어지는데, 생각 없이 긁으면 붓고 상처가 남기 때문에 두들기는 수밖에 없다. 중무장을 한 나도 아차 하는 순간에 이미 몇 군데를 물렸건만, 텔레비전 팀, 특히 기자재를 들고 다니는 제작진들은 손 놓고 당할 수밖에 없다. 두드러기라도 난 것처럼, 차마 눈뜨고 볼 수 없을 정도로 처참한 몰골이었다.

삐용뿐이라면 그나마 괜찮겠지만 이곳에는 삐용보다 더 무서운 비슈도삐sand flea까지 있다. 비슈도삐는 모래벼룩의 일종인데, 팔다리, 목 아랫부분, 손톱 사이로 파고 들어가 알을 낳은 뒤 사람의 몸을 영양분 삼아 자란다. 가시에 찔린 것처럼 따끔따끔하고 가려운데, 귀찮다고 그대로 두면 안 된다. 알아서 자연스럽게 나가는 그런 놈이 아니다.

물린 자리는 며칠 뒤에 팅팅 부어오르면서 작고 검은 물체가 피부에 생긴다.

　나도 몇 년 전에 비슈도뻬가 한창 유행했을 때, 싱구 강상류 지역의 찌까웅 족 부락에서 처음 물린 적이 있다. 무엇 때문인지도 모른 채 젊은 주술사 견습생에게 보여 줬더니 무조건 앉으라고 했다. 영문도 모른 채 순순히 하라는 대로 했다. 그러자 찌까웅 족 청년 두 명이 실실 웃으면서 내 양팔을 붙잡았다. 그러고는 갑자기 손톱 사이를 날카로운 돌로 삭 긋는 게 아닌가! 너무 아프고 놀라서 엉엉 울어대며 손발을 파닥거리자 양팔을 붙잡은 청년들은 더 힘을 주어 나를 꼼짝 못하게 했다. 당연히 마취 같은 것이 있을 리가 없었다. 날카롭게 그은 손톱 사이에서 피와 함께 통통하게 살찐 비슈도뻬가 나왔을 때는 그대로 정신을 잃었다. 약초를 덕지덕지 바른 채 이틀 정도 누워 지내야 했지만 회복은 빨랐다. 그래도 두 번 다시 그 고통을 겪고 싶지 않아서 그 뒤로는 나 혼자서 해결하고 있다.

　방법은 간단하다. 먼저 바늘로 천천히 충분한 시간을 가지고, 주변부터 조금씩 파 들어간다. 당연히 아프지만 몸속에서 알이 부화되어 성충으로 변하도록 두는 것보다는 차라리 이편이 낫기 때문에 아무리 아파도 참을 수밖에 없다. 처음에는 서캐처럼 생긴 알이 톡톡 튀어나온다. 하지만 알을 낳은 성충은 훨씬 더 깊은 곳에 숨어 있기 때문에 바늘과 칼을 이용해서 구멍을 더 크게 만들어야 한다. 완전하게 제거하지 않으면 나중에 그 자리가 곪기 때문에 조심해야 한다. 몇 시간 뒤 하얀 성충을 무사히 빼낸 뒤에야 비로소 안심할 수 있다. 그 대신 살에 커다란 구멍이 뚫려 몇 주일 동안은 통증과 가려움에 시달려야 한다.

아직도 아마존에는 정체를 알 수 없는 수많은 벌레들이 우글거린다. 삐용에게 물린 자리를 이번에는 벌이 쏜다. 일반적으로 정글은 표범이나 악어에게 공격받는다는 생각을 쉽게 하지만 오히려 이런 커다란 동물은 모습이 확실하게 보이기 때문에 그렇게 겁낼 필요가 없다.

메뚜띠레 마을은 십 년 전에 말라리아가 유행하면서 사람들 반이 죽어 나갔고, 지금은 결핵이 유행하고 있다. 옛날에는 높은 나무 위에서만 살던 말라리아모기가 개발 때문이 숲이 줄어들자 점점 아래로 내려왔기 때문이다. 아침저녁에는 강변에 말라리아모기가 출몰하기 때문에 절대 강으로 가서는 안 된다. 낮에는 기온이 40도를 넘는 불볕더위에 삐용까지 설쳐대기 때문에 목욕은 밤에만 할 수 있는데도 말이다.

해가 지면 바로 기온이 10도 가까이 내려간다. 이때 표범과 뱀이 살고 있는 어둠 속 정글을 빠져나와 강에 도착해 손전등으로 주변을 비춰 보면 여기에 세 마리, 저기에 다섯 마리 식으로 악어 떼가 이쪽의 동정을 살피고 있다. 물론 악어들의 영역을 침범하지 않는 이상 인간을 덮칠 일은 없다. 그래도 만약을 대비해서 한 명이 망을 본다. 그렇게 목숨을 걸고 엄청난 속도로 몸을 씻고 올라오면 이빨이 부딪힐 정도로 온몸이 얼어붙는다. 한번 이런 체험을 하고 나면 냉방과 난방이 잘 된 방 안에 앉아 '자연과의 공생'을 주제로, 제법 아는 척 환경문제를 논하거나 레포츠에 빠져 있는 사람들을 보면 한 대 패 주고 싶은 생각이 간절하다. 모든 사람들이 나처럼 정글을 체험할 수 있는 것도 아니니, 화를 내도 소용없는 일이지만.

북반구의 선진국 세계 사람들이 바람 냄새와 강물 소리, 흙의 감촉도 모르면서 종이 보고서와 그 위에 적힌 숫자만으로 높은 자리에 앉아서 탁상공론으로 중요한 일을 결정해 버리는 것은 큰 문제가 아닌가 싶다. 적어도 원조 활동만큼은 현장을 올바로 이해한 사람의 목소리에 귀를 기울이는 것이 당연하다.

마을 중앙에 있는 '남자의 집'에서 방문 의식이 시작되려 하고 있었다. 40명 가까운 마을 남자들이 라오니를 중심으로 둘러앉았다. 그리고 이번 방문을 진행한 RFJ 브라질 지부의 사무국장 빠울로가 방문 목적을 설명하기 시작했다.

이럴 때마다 1994년쯤에 겪었던 일이 생각난다. 역시 까야뽀 족이 사는 뿌까누 마을을 처음 방문했을 때의 일이다. 장로인 베뀌띠가 갑자기 "네가 왜 이곳에 왔는지 네 나라 말로, 커다란 목소리로 말하라"고 했다. 깜짝 놀라기는 했지만 그래도 이러는 데는 반드시 무슨 까닭이 있을 거라는 생각에 원주민 장로가 시키는 대로 큰 목소리로, 내가 온 목적을 설명하기 시작했다. 신기하게도 마을 사람 모두가 뚫어지게 나를 쳐다보며, 일본어를 모르는데도 절묘하게 내 말을 이해해 주었다. 사는 동안 그때만큼 긴장해 본적이 없었다. 내 말을 다 들은 원주민 장로가 말했다.

"우리는 네 말의 파장을 이해할 수 있었다. 큰 목소리는 거짓말을 하지 않는 법이다."

이 말에 나는 두 손 두 발 다 들고 말았다. 우리가 사는 세상에서는 말이 통해도 수많은 오해가 생기고 의사소통이 잘 안 될 때가 많다. 말 속에 숨은 생각은 그 사람의 인격이 되어 겉으로 드러나는 법이다. 또한 아무리 듣기 좋은 말이라도 마음이 담겨 있지 않은 말은 아무 의미도 없다. 그때 나는 행동이 함께 하는 살아 있는 말이 얼마나 중요한 것인지를 배웠다.

이 방문 의식은 원주민들에게는 상당히 중요한 의식이다. 충분한 시간을 두고 우리의 방문 목적을 모두가 완전히 받아들일 때까지 토론하다 보면 예닐곱 시간 이어질 때도 있다. 이 자리에서 외부인이 머물러도 좋다고 모두가 동의해야 방문객은 비로소 자유롭게 마을을 돌아다닐 수 있다. 이 지역은 법적인 통행증이 필요한 곳이어서 불법 침입자는 인디오들에게 살해당한다 해도 한마디 항의도 할 수 없다.

우리 일행이 머물러도 좋다고 허락받은 뒤에 라오니의 집에서 신세를 지기로 했다. 라오니가 씩 웃으며 나에게 물었다.

"겐코, 저 몽둥이로 사람 죽여 봤니?"

작년 이곳을 떠나는 날, 라오니는 신묘한 얼굴로 말했다.

"겐코, 일본에서 널 괴롭히는 사람이 있으면 이 몽둥이로 때려 죽여라. 이 몽둥이는 까야뽀 족의 신성한 무기다. 너를 지켜 줄 것이다."

그러면서 직접 만든 몽둥이를 선물로 주었다.

"아직 쓴 적은 없지만 조만간 필요해질지 몰라요."

나도 웃으면서 이렇게 대답했다.

라오니의 집에는 라오니의 부인과 두 딸 부부, 그리고

손자 여섯 명이 함께 살고 있다. 까야뽀 족에게는 결혼하면 남자가 여자 집에 들어오는 풍습이 있다. 라오니에게는 아들이 셋인데, 장남을 주술사로 만들려고 싱구 강 중류에 있는 까마유라 족의 장로 따꾸마에게 보냈다. 하지만 안타깝게도 2년 전에 죽었다. 사고사다, 아니다, 살해당했다 여러 가지 소문이 떠돌았지만 진실은 밝혀지지 않았다. 그 뒤로 까야뽀 족과 까마유라 족의 대립이 시작되었다. 아들이 죽자 라오니는 한순간에 늙어 버렸다. 마을에 사는 반 이상의 젊은이들은 외부 세계에서 흘러 들어오는 물질과 브라질 음악에 빠지고 축구에 열광하며 부족의 전통을 남기고자 노력하는 라오니의 마음을 이해하려 들지 않았다. 라오니는 경고한다.

"숲이 사라지면 인디오는 죽는다. 그리고 이 세계도 함께 멸망한다."

라오니는 까야뽀 족의 언어로 로쁘니, 즉 '분노하는 표범'이라는 뜻을 가지고 있다. 라오니는 까야뽀 족 약 2만 명의 수장이며 브라질 원주민들의 영적인 지도자이기도 하다. 동시에 브라질 대통령과 예약 없이 회견할 수 있는 유일한 인물이기도 하다. 그리고 라오니의 사진은 엽서로 만들어져 브라질에 있는 선물 가게에서 팔리고 있다. 라오니가 움직이면 언론도 움직인다.

개발 때문에 생긴 문제들

1989년 2월, 파라 주에 있는 싱구 강 하류 지역에 위치한 작은 마을 알따미라에서 라오니를 중심으로 한 까야뽀족 사람들이 댐 건설에 반대하는 집회를 크게 열었다. 2010년까지 〈세계은행(WB)〉이 한 전력회사에 융자를 주어 아마존 강을 비롯한 104곳에 있는 지류에 댐을 건설할 계획을 세웠기 때문이다. 계획대로 댐 건설이 이루어진다면 엄청난 자연 파괴가 일어날 수밖에 없었다. 세계 각국에 있는 환경보호 단체와 활동가, 민간단체, 언론 등 약 2천여 명이 이 작은 마을로 몰려들었다. 브라질에서도 수많은 원주민 추장들이 참가했다. 전력회사와 인디오가 나눈 대화는 텔레비전에 그대로 방영되었고, 당시 엄청난 화제가 되었다. 그때 함께한 사람 중에 영국 가수 스팅이 있었는데, 몇 개월 후 스팅은 라오니와 함께 "아마존을 지키자"는 캠페인을 벌이며 세계 각국을 돌아다니게 된다. 결국 캠페인 직후, 〈세계은행〉은 이 프로젝트에 대한 융자를 중지시켰다.

라오니는 늙기는 했지만 여전히 큰 힘을 지녔다. 또한 뛰어난 지도자이면서 위대한 주술사다. 인디오 사회에서 주술사는 부족의 축제를 주관하면서 동시에 의사의 역할까지 한다. 나도 라오니가 치료하는 모습을 몇 번인가 옆에서 지켜볼 기회가 있었는데, 실제로 라오니는 환자의 몸을 쓰다듬으며 온갖 물질을 환자의 몸에서 끄집어냈다. 아무 속임수도 없었다. 치료가 끝난 후에 라오니는 설명했다.

"이것이 병의 원인이다. 이제 이것을 꺼냈으니 병은 나았다."

분명히 조금 전까지만 해도 눈앞에서 발을 질질 끌고 다니던 할아버지가 성큼성큼 걸어 다니고, 새우처럼 몸을 만채 배가 아프다며 울고불고 난리치던 아이가 신기하게도 더 이상 아파하지 않았다. 이 세계에서는 설명하기 힘들지만 라오니가 신기한 능력을 가지고 있는 것은 분명한 사실이다.

그런 라오니조차 감히 머리를 들지 못하는 사람이 누나인 여자 주술사 비리비리다. 비리비리는 마치 뼈에 가죽을 둘러놓은 것처럼 비쩍 마른 아흔 살의 할머니다. 나이가 많은데도 새까만 머리에 한쪽 눈은 이 세상을 보고, 다른 한쪽 눈은 저세상을 보고 있는 것 같은 분이다. 비리비리 역시 라오니의 누나답게 무지막지하게 강한 에너지를 내뿜는 사람이다. 항상 '와리꼬꼬'라는 특이한 피리를 불면서 마을을 활개치며 돌아다니는데, 웃을 때는 아기처럼 귀엽기 그지없다. 어느 날 비리비리가 평소에 쓰던 피리를 내 앞에 던졌다. 나는 비리비리가 보여 준 애정 표시에 정성을 다해 감사하며 그 피리를 받았다.

지금 까야뽀 족이 살고 있는 마을은 예전에 '까슈에라'라고 불렸다. 원주민 6백 명이 살던 이 마을에 십 년 전 말라리아가 번졌고, 사람들이 쓰러지기 시작했다. 그러자 이 땅에 저주가 내렸다며 4백 명의 원주민이 까뽀또로 이주했다. 하지만 라오니는 움직이지 않았다. 까뽀또는 강이 멀기 때문에 생선을 좋아하는 라오니에게는 견디기 힘든 일인데다가, 까슈에라는 인디오 보호구역과 외부 세계와의 경계선이 비교적 가까워서 라오니가 이곳을 떠나면 불법 침입자들이 야생종을 마구 훔쳐 가고 목재로 쓰일 나무들을 함부로 베어 갈까 봐 걱정스러웠기 때문이다. 라오니는 두 눈을 부릅뜨고 이곳을 지키기로 했다. 그리고 라오니를 따르는 사람들 186명이 이곳에 남아 지금까지 마을을 지키고 있다.

헤어질 날이 가까워진 어느 날, 라오니가 말했다.

"젠코, 우리 까야뽀 족은 위대한 지혜의 신 '이쁘레리'가 늘 지켜 주고 있어. 하지만 우리는 그 사실을 입 밖에 내서는 안 돼. 모든 판단은 결국 인간이 하는 거야. 지금, 바우 지역에서 금을 채굴하는 사람들과 까야뽀 족 사이에 싸움이 벌어졌어. 내 조카인 메가롱이 중재에 나서기는 했지만, 겐코가 꼭 이곳에 가 주었으면 해."

삐울로에게 들어 이미 알고 있는 사실이었지만, 직접 방문하는 것은 쉽지 않겠다고 생각하고 있었다. 하지만 개인적으로는 지금 벌어지고 있는 사태를 직접 확인하고 싶은 욕심이 있었다. 그렇지만 이런 비상시에는 외지인의 출입은 금지다. 비상시에 외지인을 들여보내는 것이 위험한 일이기도 했고, 브라질 정부가 바깥세계에 진실을 보이고 싶어하지 않아 출입 허가증을 내주지도 않았기 때문이다. 그러나 라오니가 직접 방문을 허락한 덕분에 나는 바우 지역에 머물고 있는 메가롱에게 바로 연락을 했고, 바우 지역으로 날아가기로 결정했다.

메가롱은 라오니의 조카로, 인디오 사회와 브라질 사회 양쪽을 모두 경험한 사람이다. 약 십 년 동안 싱구 강 지역 〈뿌나이〉의 책임자였으며, 고로띠레 지역 인디오의 지도자이기도 하다. 40년 전에 인디오 접촉관이었던 빌라스 보아스 형제가 이 지역을 방문했을 때 메가롱을 처음 만났는데 그때 메가롱은 다섯 살이었다. 형제는 메가롱의 총명함에 놀라, 인디오 사회의 지도자로 키우기 시작했다. 메가롱은 1989년, 스팅과 함께한 16개국 월드 투어에 라오니와 함께 동행했으며, 지금은 〈뿌나이〉의 고로띠레 지역 책임자로 일하고 있다. 우리가 하는 지원 사업의 대부분은 메가롱과 그 동료들에 의해 진행된다. 메가롱은 사려 깊고 날카로운 관찰력을 지녔으며, 늘 올바른 목적을 향해 의롭게 행동하는 사람이다.

1971년, 싱구 지역을 횡단하는 '080호 도로'를 건설하려는 브라질 당국과 이에 반대하는 인디오 사이의 갈등으로 인디오들이 정부 요인을 인질로 잡은 일이 있었다. 그때 메가롱 덕분에 단 한 명의 희생자도 없이 전쟁 직전의 위기에서 사태가 해결될 수 있었다. 그 이후 메가롱은 인디오와 브라질 정부 양쪽의 두터운 신임을 얻어 문제가 생길 때마다 중재에 나서게 되었다.

내가 메가롱이나 라오니와 맺은 인연은 아주 깊다. 지난 십 년 동안 두 사람의 도움이 없었다면 여기까지 올 수 없었을 것이다. 참으로 감사한 일이다. 믿지 않을지도 모르지만, 내가 어려운 문제에 맞닥뜨려 절망할 때마다 두 사람이 내 꿈에 나타나 일본에 있는 나에게 용기를 준다. 또 그 반대로, 어떻게 된 일인지는 모르겠지만, 라오니가 병으로 쓰러지거나 메가롱의 건강 상태가 나빠질 때는 그 모습이 또렷하게 보여 그때마다 난 정글을 향해 응원의 에너지를 보낸다.

라오니의 아들이 죽었을 때도 그랬다. 라오니의 아들이 날마다 내 꿈에 나타나 나를 숲으로 데려갔다. 무언가 알려 주고 싶은 게 있는 듯했지만 늘 중간에서 어긋나곤 했다. 그리고 꿈에서 깨어나면 옆구리가 심하게 아팠다. 그런 일이 한동안 계속되었다. 라오니의 아들이 정말 사고로 죽은 거라면 내게 그런 일이 생겼을 리 없다고 믿는다.

내가 바우에 도착했을 때는 1백 명쯤 되는 금 채굴 업자들은 이미 떠난 뒤였다. 주 경찰은 금을 옮기려고 만든 활주로를 폭파시킨 상태였고, 〈뿌나이〉의 직원들과 각 마을에서 전투를 위해 모여든 까야뽀 족 사람들은 흥분을 가라앉히지 못하고 있었다. 몇 주일 동안 긴장했던 탓이었을까, 메가롱은 몹시 지쳐 있었다. 메가롱은 한쪽 귀가 멀고 등에 커다란 돌덩어리를 짊어진 것처럼 몸이 무겁다고 하소연했다. 다행히 이번 사건도 일단은 일단락되었지만 똑같은 일이 머잖은 장래에 또 일어날 것은 불을 보듯 뻔했다. 금광 광맥이 바우 지역 전역에 걸쳐 있고 감시 체제도 제대로 정비되어 있지 않기 때문에, 일이 커지지 않는 이상 당국은 움직이려 들지 않을 것이다. 안타깝게도 일확천금을 노리는 금 채굴 업자들도 알고 보면 브라질 사회의 최하층민이다. 약한 사람들끼리 서로 피를 흘릴 뿐 권력자에게는 아무런 영향도 미치지 못한다.

금 채굴의 가장 큰 문제는 수은 오염이다. 금 1그램을 채취하는 데 사용되는 수은의 양은 약 2, 3그램 정도다. 금을 골라내는 과정에서 가스버너로 수은을 공기 중에 날리거나 강에 그대로 내버리게 되는데, 이 때문에 금 채굴장을 끼고 흐르는 바우 강은 수은 오염으로 납빛으로 변했고, 강은 더 이상 흐르지 못했다. 그리고 이 지역 주민들은 더 이상 강에서 나는 생선을 먹을 수 없게 되었다.

더 무서운 것은, 몇 년 동안이나 수은에 오염된 생선을 먹은 인디오들에게 수은중독 증상이 나타나기 시작했다는 사실이다. 수은중독이 임산부에 끼친 영향은 앞으로 이 지역의 심각한 문제가 될 것이다.

경비행기를 타고 금 채굴 지역을 내려다본 적이 있다. 정글 곳곳에 흩어져 있는 금 광산은 그 부분만 정글의 껍질을 벗겨낸 듯 황토색으로 드러나 있었다. 벗겨진 황토색과 정글의 푸른빛이 물질세계와 정신세계를 상징하는 것처럼 보였다. 숲의 슬픔이 아프게 다가왔다. 끊임없이 눈물이 흐르고 분노가 치밀었다. 하지만 그 원인을 따지고 보면 결국, 나 자신에게로 돌아왔다. 무능력한 내가 앞으로 어떻게 행동해 나가야 할지, 끝을 알 수 없는 책임감이 무거운 돌덩이가 되어 내 가슴을 짓눌렀다. 내 앞에 앉아 있던 메가롱이 나를 위로했다.

"겐코, 자책하지 마. 넌 최선을 다해 주었어."

문명과 원시의 불편한 동거

열대우림 보호 단체 RFJ는 1993년, 메가롱과 까야뽀 족 장로들의 부탁으로 1994년부터 일본 〈우정성〉에서 실시한 '자원 봉사 적립적금'과 많은 사람들의 기부금을 모아 까야뽀 족 지역 여섯 곳에 학교를 세웠다.

"아직까지 까야뽀 족은 부락 안에서 돈거래를 하고 있지는 않다. 하지만 몇 년 뒤에는 반드시 문명과 함께 화폐가 들어올 것이다. 다음 세대는 외부 세계의 정보와 포르투갈어를 모르면 브라질 사회의 최하층민으로 전락할 수밖에 없다. 우리는 그동안 다른 부족이 브라질 안에서 토지와 문화와 언어를 잃어버리는 비참한 모습을 숱하게 보아 왔다. 최소한 브라질 사회와 더불어 살 수 있는 여러 선택지를 다음 세대에게 물려주고 싶다. 그럴 수 있는 방법은 교육밖에 없다. 그래서 외부에서 교사를 초청해 부락에서 교육을 시키고 싶다. 예전에 가까운 마을에서 백인이 학교를 세워 인디오 아이들 몇 명을 모아 가르친 적이 있는데, 기독교 선교에만 애쓰고 아이들을 차별해 기대한 성과를 얻지 못했다. 인디오 학교는 인디오의 자립 조직으로 운영되어야 한다. 브라질 정부에 교육 사업을 지원해 달라고 했지만 우리의 의견은 받아들여지지 않았다. 그러니 당신들이 꼭 우리의 힘이 되어 주었으면 좋겠다."

이런 요청을 받고 RFJ가 아주 작고 소박한 규모의 인디오 학교를 세우게 된 것이다.

브라질 정부로서는 인디오가 세상의 지혜에 눈뜨고 자치권을 주장해 오면 귀찮은 일이라도 생길까 하는 우려 때문에 무작정 반기지도 못하고, 그렇다고 반대할 명분도 없어서 고민이었다. 이 사업은 〈뿌나이〉 장관과 외무성 문화국장의 양해를 얻어 시작했음에도 늘 누군가에게 미행을 당하거나 수상한 움직임을 겪는 일이 종종 생겼다. 뒤통수에도 눈을 달고 걸어야 할 지경이었다. 하루는 평소에 친하게 지내는 한 브라질 친구가 이렇게 경고했다.

"겐코, 그렇게 나대다가는 언제 네 시체가 아마존 강에 떠오를지 몰라. 목숨을 소중하게 여겨."

그래서 어떻게 하면 좋을지 곰곰이 생각해 보았다. 그러다가 일부러 더 눈에 띄게 행동하고, 당국의 높은 사람을 만나 내가 브라질에 머물고 있음을 알려 주면 혹시 내가 사라지더라도 금방 표가 날 테니까 살인 청부업자도 날 어쩌지는 못할 거라는 생각이 들었다. 그 길로 브라질리아에 있는 일본 대사관을 찾아가 대사를 만나 의논했더니, "체재 예정표를 내고, 언제 어디서나 늘 조심하라"는 도움말을 주었다. 그리고 다시 브라질 외무성과 〈뿌나이〉를 방문하여 내 생각을 모두 밝히고, 우리 사업을 설명한 뒤 도움을 요청했다. 이것이 효과가 있었는지 어쨌는지 모르지만, 아홉 번이나 브라질을 방문한 지금까지 나는 무사하다.

이곳 브라질은 최근 십 년 동안 환경 활동가와 민간단체 사람들을 포함해 약 8백 명이 살해당한 아주 무서운 나라다. 특히 '삐스또레이로pistoleiro'라 불리는 살인 청부업자는 한 사람당 2백 달러면 눈 하나 깜짝 않고 살인 청부를 받아들인다. 아무튼 이런 온갖 어려움을 겪으면서 1994년부터 시작된 인디오 교육 프로젝트는 아직까지 순조롭게 진행 중이다.

이번에 꾸뻬고꾸레(마트그로수 주에 있는 고로띠레 인디오 국립공원 내) 마을에서 인디오 교사 양성 과정을 위한 세미나가 열리고 있어서 여기에 참석하기로 했다. 바우를 제외한 다섯 개 지역에서 앞으로 교사가 될 20명의 젊은이들이 한 달간 숙식을 함께하며 배우는 세미나다. 사업 책임자인 마리아 엘리자는 〈뿌나이〉에서 일하면서 20년 가까이 까야뽀 족 지원 사업을 계속해 왔다. 엘리자는 원주민들의 원어는 물론 주르어까지 할 줄 알았다. 엘리자는 겉보기에 키도 작고, 사람 대하는 모습도 부드럽지만 강인한 정신력을 감추고 있는 브라질 여성이다. 말라리아에 스무 번 넘게 걸렸으면서도 정글에서 사는 것을 아무렇지도 않게 해

내고 있다.

처음 이 교육 사업을 시작했을 때 브라질 교사들이 겪은 어려움은 컸다. 낯선 문화권 사람들과 살아가는 일의 어려움, 정글이라는 가혹한 환경, 말라리아 등 육체적 고통, 그리고 정신적 스트레스까지. 그때 엘리자는 나에게 이렇게 말했다.

"나는 앞으로 십 년 동안은 이 프로젝트를 계속하고 싶어요. 교육은 우물을 파면 바로 물이 콸콸 쏟아지는 것처럼 결과가 금방 드러나는 그런 일은 아니지만 씨앗을 뿌리고 소중하게 키우다 보면 언젠가는 아름다운 꽃을 피울 거예요. 겐코, 인디오 아이들의 마음에 희망이라는 씨앗을 함께 뿌리고 키워 주는 일을 도와주세요."

그 한마디 때문에 여기까지 왔다. 엘리자는 자신의 삶과 목숨을 걸고 인디오 지원 사업에 애쓰고 있다. 언제 어디에서나 늘 웃음꽃을 가득 피운 채 말이다. 나는 산들바람처럼 부드럽고 아름다운 엘리자를 존경하고, 또 좋아한다. 까야뽀 족 사람들도 특별한 마음으로 엘리자를 신뢰한다.

학생 중에 '쭈아까레'라는 청년이 있다. 나이며 생김새며 행동거지, 얼굴까지 내 아들과 참 많이 닮았다는 말을 했더니 쭈아까레가 말했다.

"오늘부터 겐코를 엄마라고 부를게요."

그러고는 친근한 목소리로 "아들 이름은 뭐예요?"라고 묻기에 "돗토란다." 했더니, "그럼, 지금부터 내 이름은 돗토예요."라고 말해 주었다.

학생들 몇 명이 내 노트를 들여다보더니 자기들의 이름을 일본어로 써 달라며 종이를 가지고 왔다. 그리고 일본은 어떤 나라인지 호기심 가득한 눈으로 물어 왔다. 그래서 손짓발짓 다 동원해 설명해 주었다. 모두들 언젠가는 가 보고 싶다, 한번 데려가 달라며 눈을 반짝거렸다. 그중에 한 아이가 내 손을 잡고 말했다.

"봐요, 똑같은 피부예요. 우리는 한가족이에요. 그러니까 일본 사람은 백인과 달리 전부 좋은 사람들일 거예요."

분명히 인디오는 우리와 같은 몽고반점을 가진 황인종이다. 1만 5천 년 전에 아시아에서 베링해협을 건너 남미까지 도착했다고 하니, 인디오의 조상은 분명 일본인과 같은 피를 지녔을 것이다. 강습 마지막 날, 학생 대표인 메가롱의 아들 꼬꼬뻬에띠가 말했다.

"우리에게 이런 배움의 장을 만들어 주셔서 정말 고맙습니다. 지금까지 누구도 우리에게 이런 기회를 주지 않았어요. 우리는 열심히 배우고 익혀서 마을의 다른 아이들을 가르칠 거예요. 그러니 조금만 더 지원을 계속해 주세요."

나는 거기에 화답하여 "인디오로서의 자긍심을 잃지 말고, 자신을 갖고 노력해 달라"는 응원 메시지를 보냈다.

교육 사업을 하는 동안은 참으로 즐거웠다. 하지만 꾸뻬고꾸레에는 보이지 않는 큰 문제가 있었다. 이곳에는 작은 진료소가 하나 있는데, 순회 간호사인 브라질 사람 뷔마가 단기 체재하고 있다. 뷔마는 굳은 표정으로 이렇게 말했다.

"이 마을 사람 열 명 중 한 명은 결핵을 앓고 있습니다. 나도 이제 막 부임했기 때문에 478명 모두를 진료한 것이 아니라 확신할 수는 없지만, 아마 마을 사람들 반은 이미 결핵에 감염되어 있을 겁니다. 약도 부족하고 노인들과 아이들을 이대로 두었다가는 병들어 쓰러질 게 뻔합니다. 그러니 부디, 약을 살 수 있는 자금을 지원해 주세요. 그리고 이곳에는 전문의도 엑스레이도 없어요. 여러분도 자신의 전용 그릇만 쓰는 게 좋을 거예요."

뷔마의 말을 듣는 동안, 우리가 출구 없는 미로를 헤매고 있는 것처럼 절망스러웠다.

모순된 이야기겠지만 결국 화폐경제 시스템이 없는 세계를 구하기 위해서는 돈이 필요하다. 바로 그 돈 때문에, 애당초 이 땅에는 존재하지도 않았던 병원균이 외부 세계에서 들어와 인디오들을 죽이는데도 속수무책이라니, 말도 안 된다. 그 병원균과는 아무 상관도 없었고 어떤 책임도 질 필요가 없는 사람들이 말이다! 평화로운 세상에서 세상 물정 모르고 자연과 공생하며 살아가는 아마존 사람들이 왜? 진료소에서는 기침을 콜록거리며 창백한 볼을 한 사람들이 줄을 잇고, 바짝 마르고 얼굴색이 나쁜 아기를 걱정스러운 얼굴로 안고 있는 어머니의 얼굴이 보였다. "어떻게든 방법을 찾아야 돼!" 이런 모습을 볼 때마다 어디를 가더라도 나도 모르게 이런 말이 입 밖에 나오게 된다. 몇 년 전엔가 도쿄에서 어떤 유명한 작가와 이야기를 나눌 기회가 있었다. 그 작가는 내 앞에서 이렇게 말했다.

"사라져 가는 사람들을 일부러 애써 지키고자 하는 것은 잘못된 일입니다. 그저 자연의 흐름에 맡겨야지, 다른 사람의 도움을 기다리는 것은 잘못입니다."

이런 식으로 내 원주민 지원 활동에 대해 나쁘게 얘기하는 사람이 있었는데, 과연 그 작가가 아마존에 직접 왔어도 그런 말을 꺼낼 수 있을지 의문이다. 비록 사막에 물을 뿌리는 행위일지는 모르지만 나는 계속해서 물을 뿌려 나갈 것이다. 그러다 보면 언젠가는 반드시 상황이 나아질 것이라고 나는 믿는다. 그것은 동정도 연민도 아니다. 신의 따위는 처음부터 갖고 있지도 않았다. 인간으로서 당연한 행동이니까 하는 것일 뿐이다.

현재 빠울로는 결핵에 걸려 브라질리아에서 요양 중에 있다. 귀국 후 나도 검사를 해 봤더니, 불행 중 다행으로 감염은 아니란다. 하지만 결핵에 대해 심각할 만큼 특정한 양성 반응을 보였다.

많은 일들이 주마등처럼 눈앞을 스쳐 지나갔다. 이번 아홉 번째 여행에서는 정말 많이 울었다. 억울함과 슬픔, 그리고 아픔. 일본으로 돌아가는 날, 상파울루에 있는 과룰로스Guarulhos 국제공항에서 생각했다.

"이제 두 번 다시 오지 말자. 잊을 수 있다면 전부 잊자."

하지만 귀국해서 몇 주일이 지나자 괴롭고 힘들었던 일은 기억 속에서 깡그리 사라지고 구김살 없이 웃던 아이들 모습과 수줍어하는 할아버지, 할머니들의 얼굴, 얼굴, 얼굴이 자꾸만 떠올랐다. 하루하루 평온함에 젖어 있는 착하고 부드러운 느낌과 따뜻함, 사람 냄새 물씬 풍기는 살아 숨 쉬는 삶을 기억하게 된다. 결국 난 마음을 고쳐먹고 내년에 또 정글에 들어갈 준비를 한다.

까야뽀 족, 꾸뻰고꾸레 마을의 젊은이. 태어난 아기의 이름을
짓는 축제날이다. 이들은 평생 동안 이름을 네 번 바꾼다.

꾸뻰고꾸레 마을의 축제는 노래하고 춤추며 하루 종일 계속
된다.

마트그로수 주. 목장을 만들기 위하여 열대우림이 줄어들고 있
다. 싱구 강 주변 상공에서 촬영.

까야뽀 족, 메뚜띠레 마을의 여성들.

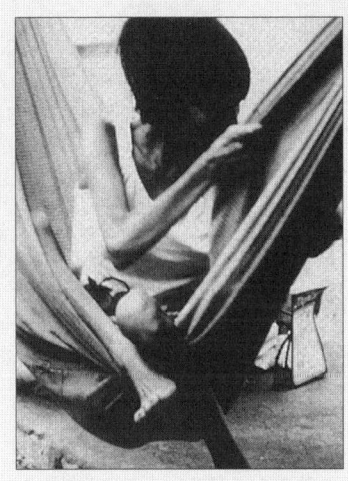

금 채굴 광산에서 수은중독에 걸려 몸이 완전히 병든 인디오 여성. 말라리아와 증상이 비슷해서 혼동하기 쉬워, 치료가 늦어지기도 한다.

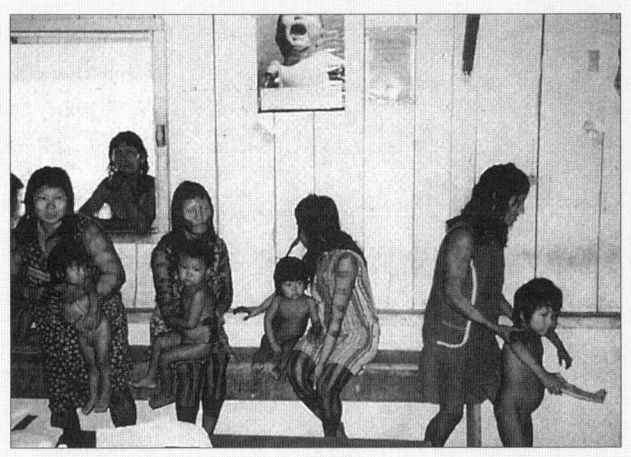

까야뽀 족 꾸뻰고꾸레 마을 사람들이 결핵 검사를 받기 위하여 진료소에서 기다리고 있다.

까야뽀 족 메뚜띠레 부락에 있는 학교는 일본 〈우정성〉의 '자원 봉사 적립적금' 조성금으로 만들었다. RFJ가 기금을 모아 여섯 개 마을에 각 한 곳씩 세웠다.

까야뽀 족 꾸뺀고꾸레 마을에서 교사 육성 세미나가 끝난 뒤 기념 촬영을 했다.

제 2 장

인디오 라오니와
가수 스팅의 우정

지금부터 11년 전인 1989년 5월 14일 밤, 찰스 스튜어트Charles Stuart라는 미국인 친구가 내게 전화를 걸었다. 당시 이 친구는 NHK 해외용 방송 제작자이자 신문기자였는데, 〈지구의벗〉이나 RFJ 같은 민간단체 활동에도 열심이었다. 늘 단정하면서도 행동력 있는, 부잣집 도련님 같은 분위기를 지닌 남자다.

　"내일 스팅이 아마존 원주민 장로들과 함께 일본에 와요. 모두 일곱 명인데, '아마존을 지키자'는 구호를 내걸고 세계를 돌고 있어요. 큰 차가 필요한데, 겐코네 회사 차를 빌릴 수 있을까요? 그리고 이왕이면 공항까지 마중도 좀 나가 주셨으면 좋겠어요. 일손도 부족한데 내친 김에 그 사람들이 일본에 머무는 닷새 동안 좀 도와줄 수 있으면 더 좋고요."

　그즈음 나는 특별히 하는 일도 없었고 시간도 많았기에

'그 정도쯤이야' 하는 가벼운 마음으로 받아들였다. 그때는 그 전화 한 통이 내 인생을 이토록 크게 바꾸어 놓을 줄 몰랐다. 그때까지 나는 아마존이 아프리카에 있는 줄 알았다. 나일 강과 나란히 흐르는 것이 아마존 강이라고 생각했고, 정글에는 맹수나 살지 사람은 살지 않는다고 믿었다. 아마존은 일본에서 멀리 떨어진 곳이었으며 옛날 이야기에나 나오는 현실감 없는 장소였고, 나와는 아무 인연이 없는 곳이라 생각했다. 그러나 먼 나라에서 오는 손님을 맞는 예의로, 어떤 나라에서 오는지 정도는 알아야 할 것 같아 남미 지도를 펼쳐 놓고 난생 처음으로 진지하게 지도를 들여다봤다. 하지만 텅 빈 머리에는 어떤 이미지도 떠오르지 않았다.

스팅 일행들이 숙박하는 오쿠라 호텔에는 보도진과 관계자가 몰려들어 우렁우렁 큰 소동이 일고 있었다. 스팅이 공연 이외의 목적으로 일본을 방문하는 일은 처음 있는 일이었고, 이번 방문에서는 처음부터 노래는 한 곡도 부르지 않기로 약속한 상태였다. 알따미라 댐 건설 반대 집회에서 시작된 "아마존을 지키자" 세계 순회 방문은 이미 유럽 13개국을 돌았고, 아시아에서는 유일하게 일본을 선택해 온 것이다. 이 사람들은 일본에 도착했을 때부터 이미 완전히 지쳐 있었다. 가는 곳마다 "지금 아마존 숲은 1분 동안 풋

볼 경기장 60개 분량의 면적이 사라지고 있습니다. 선진국의 풍요로운 삶을 유지시키기 위해서 말입니다"라며 호소했기 때문이다.

들는 사람들은 전부 처음 듣는 내용이라 놀라워했고, 산더미 같은 질문을 쏟아 냈다. 5일간의 일본 방문 중 신문과 잡지 인터뷰는 스팅 혼자 한 것까지 합하면 하루 평균 10개 정도이며, 텔레비전 출연까지 합하면 60회 가까이 될 것이다.

그 사이에 단 한 번, 일반인을 위한 심포지엄이 『피아』(영화, 콘서트, 이벤트 등 티켓 판매 종합 정보지) 주최로, 지금은 없어진 신바시 시오타메新橋汐留에 있는 대형 천막 '핏토'에서 열렸다. 그날 역시 스팅 일행은 힘겨운 일정을 소화했기 때문에 행사가 시작되기도 전에 지칠 대로 지쳐 있었다. 어떤 의미에서는 일본 방문 일정 중 가장 중요한 날이었는데 멤버들의 마음은 각기 따로 놀고 있었다. 투어에 동행한 미국 인디언 수 족의 추장 레드크로우Red Crow가 이 상황을 가장 먼저 알아차렸다. 레드크로우는 프로그램에는 들어 있지 않았지만 수 족의 신성한 식물 레드윌로Red Willow를 태우며 독수리 깃털로 하늘에 기도를 올리면서 노래를 부르고, 주변을 깨끗하게 정화시켰다. 한순간 행사장 안에 정적이 감돌면서 무대와 약 3천 명의 관객이 하나가 되었던 것을 지금도 나는 선명하게 기억한다.

1988년 8월, 일본에서는 50명 가까운 동료들이 모여 원자력 반대를 주제로 행사를 열었다. "노 누크 원 러브No Nukes One Love"를 구호로 야츠카다케(八ヶ岳, 나가노현과 야마나시현에 걸쳐 있는 산)에서 '생명의 축제'를 연 것이다. 이때 레드크로우를 손님으로 초청했다. 환경문제 역시 인간 삶의 뿌리에 내재된 의식을 바꾸는 데서 시작해야 한다는 취지에서 시작된 이 행사는 공연과 워크숍, 캠핑 등 여러 가지 형식으로 여드레나 계속되었다. 전국에서 몰려온 행사 참여자만 1만 명이 넘었다. 이 행사에서 아키 사찌오阿木幸男라는 비폭력 훈련자를 만났는데, 책을 몇 권이나 낸 이 사람이 나에게 먼저 말을 걸어 주었다. 그 만남이 내가 아마존 지원을 시작한 계기가 되었다.

축제가 끝나기 전날 밤, 내 오랜 친구 칼멘 마키와 나는 포장마차에서 우연히 아키 씨를 만났고 이야기를 나누게 되었다. 아키 씨는 미국에 살 때 아메리카 인디언을 지원했다. 영화 〈호피의 예언〉(Hopy Prophecy, 호피는 미국 아리조나 동북부의 황무지에 사는 고대 종족으로 그들의 예언과 가르침은 수천 년 동안 구전되어 왔다. 호피 족은 창조주가 건네 준 두 개의 석판을 가지고 있는데, 이 석판에는 곧 지구에 정화의 시대가 도래할 것이고 기아를 비롯한 거대한 변화를 겪은 뒤 소수의 사람들만이 살아남을 것이라고 적혀 있다고 한다.)을 제작한 미야타 세츠宮田雪 씨를 인디언에게 처음 소개한 것도 아키 씨였다고 한다. 아키 씨가 들려준 이야기는 끔찍했다. 예를 들어, 미국의 어느 지역에서는 인디언 여성이 첫 생리를 시작하면 의무적으로 병원에서 건강진단을 받게 하는데, 검사를 받으러 가면 본인에게는 말도 없이 자궁을 들어 내 버린다는 거였다. 이 이야기를 듣고 돌로 머리를 얻어맞은 것 같은 충격을 받았다. 같은 여성으로서 분노를 느꼈고, 가슴이 찢어질 듯 아팠다. 어둠에서 어둠으로, 교묘한 방법으로 이렇게 인디언의 혈통을 끊어 버리는 미국 사회가 놀랍고, 두렵고, 또 가슴 아팠다. 이 이야기는 지금도 내 마음속에 화살로 박혀 있다.

그래서 레드크로우를 다시 만나게 되자 다시 만난 기쁨과 놀라움 말고도, 이제 무언가 시작되겠다는 예감을 느꼈다. 레드크로우가 이 여행에 함께하게 된 것은 꿈 때문이었다. 레드크로우는 꿈속 계시를 통해 아마존 인디오인 까야뽀 족의 추장 라오니와 먼 옛날 형제였음을 알게 되었고, 직접 라오니의 마을을 찾아가 많은 것을 확인하고 공유하게 되었다고 한다. 그러고는 자신이 이번 여행에 꼭 함께해야 한다는 것을 알게 됐다. 그리고 자신의 역할은 라오니와 문명사회의 교두보가 되는 것이며, 실제로 몇 번인가 그런 일이 있었다고 한다.

스팅은 라오니가 기뻐할 것이라는 생각에 세계 주요 인물들과 만나는 자리를 만들었다. 영향력 있는 사람들과의 만남은 때로는 효과적인 전략을 낳는다. 그중에서도 교황과 만나는 일은 이 월드 투어의 백미가 될 예정이었다. 하지만 막상 교황을 만나자 라오니는 분노에 떨면서 교황의 멱살을 잡고 물었다고 했다.

"네가 아마존에 기독교를 전파했기 때문에 내 동포들이 수도 없이 죽었다. 왜 그랬느냐!"

스팅은 간이 떨어지고도 남았을 것이다. 그런 라오니를 레드크로우가 말렸다. 레드크로우는 이렇게 말한다.

"사람은 다양한 관계 속에서 살아가도록 신의 허락을 받았고, 또 그렇게 살아간다. 거미집처럼 펼쳐진 수많은 선택 가운데 모든 사람은 각자 한 갈래의 길을 걷게 되어 있다. 그것이 인생이다. 누구나 자신에게 부끄럽지 않은 길을 자신 있게 걸어야 한다. 각자가 바른 선택을 한다면 이 세상은 반드시 놀랍고 멋지게 될 것이다."

일본에 도착한 날, 스팅의 매니저인 카를로스가 이런 말을 전해 주었다.

"라오니는 한 달 이상 계속된 여행으로 지쳐서 기분이 좋지 않습니다. 혼자 조용히 있게 해 주고 싶으니 여러분도 절대 방해하지 않도록 신경 써 주시기 바랍니다."

그 말을 듣자마자 이런 생각이 들었다. 분명 유럽은 백인 문화권이고, 음식도 정글과는 달랐을 것이다. 익숙하지 않은 포크와 나이프를 사용하는 것도 힘들었을 것이다. 고구마라도 익혀서 가져가면 조금은 기분이 나아지지 않을까? 그런 생각을 하고 고구마를 삶아 자루에 넣은 뒤 같이 봉사 활동을 하던 조카 유키와 함께 두근거리는 마음으로 라오니의 방문을 두드렸다. 문이 열리자 역광 탓이었을까, 얼굴 표정은 보이지 않았지만 190센티미터 정도의 키에 떡 벌어진 체격을 가진 덩치 큰 남자가 나왔다. 조심조심 고구마가 든 자루를 내밀었다. 라오니는 겸연쩍은 듯 고구마를 꺼내 입 안에 넣었다. 그러고는 우리더러 방으로 들어오라고 권했다. 우리는 너무 긴장한 나머지 온몸이 굳어 있었지만 권하는 대로 방으로 들어갔다. 라오니는 우리 눈 앞에서 고구마를 기쁘게 먹어 주었다. 말은 통하지 않지만 싱글벙글 웃으며 온화하게 고구마를 먹는 라오니에게 무서운 느낌이 없었다. 라오니는 무언가 그리운 표정으로 우리를 바라보았다.

인디오와 우리는 똑같은 몽골리안으로, 먼 옛날에는 한

핏줄이었다는 사실이 느껴졌다. 라오니가 향수병에 걸려 부락에 남기고 온 일족을 생각하고 있었다는 것도 이때 알았다. 스팅도 라오니가 이렇게 부드러운 얼굴을 한 것은 처음 본다며 놀라서 방 안을 들여다보았다. 일본이 지금이야 핵가족이니, 개인 생활이니 말하지만 사실 불과 몇 년 전만 해도 한 밥상 위에서 가족들이 함께 밥 먹고, 밥 먹은 그 자리에서 아이들이 숙제를 하고, 밤이 되면 나란히 누워 잠드는 것이 평범한 가정 풍경이었다. 할아버지, 할머니가 함께 살고 아이들은 집에서 맞이하는 노인들의 죽음을 자연스럽게 받아들였다. 인디오의 세계도 우리와 마찬가지로, 힘들 때는 서로에게 몸을 기대며 위로한다.

다음날부터 일본을 떠나는 날까지 라오니에게 고구마를 가져다주었다. 라오니와 이야기를 할 때는 말이 통하지 않아 생각 끝에 종이와 연필로 의사소통을 해 보기로 했다. 종이 위에 그림을 그려 좋아하는 것은 양손으로 동그라미를 그리고, 싫어하는 것은 손을 엇갈려 엑스 표시를 만들어서 좋다, 싫다는 표시를 하였다. 숲은 동그라미고 빌딩은 엑스, 닭고기는 동그라미고 돼지고기는 엑스, 고구마는 동그라미지만 마는 엑스. 이것만으로도 서로 웃을 수 있었고 굉장히 즐거운 시간을 보냈다. 공식 행사와 인터뷰를 할 때 라오니가 눈에 띄지 않게 동그라미와 엑스 표시를

해 줌으로써 그 자리가 라오니에게 유쾌한지 아닌지를 알
수 있었다.

　일본에 머무는 동안 스팅 일행이 브라질 대사관을 방문
해 브라질 대사와 회견을 가진 적이 있었다. 이야기를 하
다 말고 갑자기 라오니가 의자에서 일어나 브라질 국기를
잡고는 큰소리로 화를 냈다.
　"이 국기가 브라질이 되기 이전에는 그 땅에는 원주민만
　살고 있었다. 침략자들은 오랜 역사를 지닌 우리를 존중
　하지 않았다. 당신들은 오랫동안 우리 인디오들을 브라
　질 국민으로 인정하지 않았다!"
　사실인 만큼 할 말이 없었다.
　외신 기자 클럽에서 주최하는 오찬장에서 외국인 기자
들을 대상으로 이야기를 할 때는 이런 일도 있었다. 스팅
일행의 세계 투어를 처음 제안한 벨기에인 사진작가 장 피
엘Jean Pierre은 일본 기업 가운데 어떤 회사가 '개발'이라
는 이름으로 다른 나라에서 삼림을 벌목하고 있는지 구체
적으로 언급하면서 이렇게 말했다.
　"일본에는 숲이 없어서 다른 나라에서 나무를 베어 와야
　하는 것으로만 알았는데, 실제로 와 보니 일본의 산에는
　수많은 나무들이 있었습니다. 돈의 힘으로 동남아시아

에 민폐를 끼치고, 그러고도 반성 없이 욕심을 채우고 있는 기업들은 큰 책임을 져야 합니다. 소비자들도 이런 점을 잘 알아야 합니다. 유럽에서는 이런 기업의 이름이 알려지면 바로 불매운동이 시작됩니다."

지금이야 국제 민간단체니 시민운동이니 하는 말이 일반인들 사이에서도 익숙하지만, 불과 십 년 전만 해도 이런 활동가들을 도와주고 있는 우리들조차 정보가 너무 없어서 전체적인 것을 파악하기가 쉽지 않았다. 실제로 서구의 여러 나라들과 일본의 환경문제에 대한 인식이나 활동수준의 차이를 다양한 각도에서 공부한 듯한 느낌이었다. 건물을 지을 때 쓰는 콘크리트 패널(거푸집의 일종)과 주변에서 쉽게 살 수 있는 합판 가구가 인도네시아의 열대림에 있는 나무를 수입해 만들어진다는 사실도 이때 알았다.

일본에서 스팅이 보여 준 행동은 참으로 훌륭하였다. 개인적으로는 그의 음악에 전혀 관심이 없지만 세계적인 스타가 이런 캠페인을 기획하고 실천한다는 점에서 스팅의 열정에는 저절로 머리를 숙이게 된다. 스팅은 틈날 때마다 말한다.

"아마존 밀림은 인디오들에게는 학교이며, 도서관이며, 슈퍼마켓이며, 생활의 전부입니다. 또 아마존 밀림은 지구상에 있는 산소의 3분의 1을 만드는 곳이며, 우리들은 그 숲이 베풀어 주는 은혜 속에서 살아가고 있습니다. 다음 세대가 안심하고 살아갈 수 있는 환경을 남기는 것은 우리의 책임입니다. 정글을 지키기 위해서는 돈이 필요합니다. 여러분, 도와주십시오."

스팅 일행은 라오니를 앞세우고 자신들은 철저하게 보조 역할에 충실했다. 눈 깜짝할 사이에 5일이 지나갔다. 스팅 일행은 일본인들에게 많은 숙제를 남기고 다음 방문지인 호주로 떠났다. 일행을 공항으로 배웅하는데 라오니가 악수를 청했다. 그러고는 말없이, 눈으로 나에게 말을 걸었다.

"부디 아마존의 이런 현실을 일본에 있는 많은 사람들에게 전해 주십시오."

잊지 못할 경험이었다. 라오니가 말없이 들려주는 이야기의 배경에는 내가 가 보지 못한 밀림의 바람 냄새, 강물 소리, 표범과 새들의 울음소리가 섞여 있었다. 무아의 경지에서 아마존을 사랑하고, 인디오의 존속을 기원하며, 동시에 미래의 지구환경을 우려하는 인디오의 장로. 이 순간 난 아마존 정령의 전달자로 일본에 온 라오니가 남긴 말을 일본에 널리 알려 나가기로 결심했다.

1년 뒤인 1990년 5월, "아마존을 지키자" 캠페인에서 자원 봉사를 했던 사람들이 중심이 되어 열대우림 보호와 인디언 인권 보장에 힘쓰면서 사람들에게 이 두 가지를 널리 알려 나갈 시민 단체를 출범시켰다. 1년 가까이 가슴에 박혀 있던 화살을 빼내고 행동으로 옮기자 말로는 다할 수 없는 상쾌함이 밀려왔다.

어떤 이유에서인지 모르겠지만 우리 단체 활동가들은 모두 여자다. 본의 아니게 아마조네스 집단이 된 것이다. 조카인 반도 유키坂東由紀, 뛰어난 어학 능력을 자랑하는 사사키 가오루佐佐木薰가 시작부터 함께했다. 사사키 가오루는 오랜 세월이 흐른 지금까지도 계속 활동하고 있다. 이들 말고도 세 명의 미국인, 네덜란드인, 타이인이 있었는데 지금은 결혼해서 다른 나라에서 살고 있다. 최근에는 모델 클럽의 매니저, 번역가 등 젊은 운영진이 들어와 우리들의 활동에 신선한 바람을 불어넣어 주고 있다. 참고로 우리 단체 활동가는 전원 무급이다.

1989년 5월, 라오니가 일본에 왔을 때 오쿠라 호텔에서.

같은 해 5월 19일, 스팅을 비롯한 일행 7명이 호주를 향해 출발하기 전 나리타 공항에서 찍은 사진. 운영진 모두가 참석했다.

월드 투어 전에 브라질에서 준비를 하는 스팅, 라오니, 장 피
엘.(오른쪽부터)

1988년, 월드 투어에 나서기 전해에 스팅이 인디오 부락을 방
문했을 때의 모습.

제 3 장

상처받은 영혼,
겐코의 홀로서기

지금 생각해 보면 내가 자란 가정환경은 조금 특별했던 것 같다. 내가 태어났을 때 아버지는 예순 살, 어머니는 서른여섯 살이었다. 양친 모두 몇 번의 결혼을 경험했는데, 아버지는 일본 화가로 산수화를 즐겨 그렸다고 했다. 젊은 시절에는 중국으로 건너가 방랑하기도 했는데, 상해를 거점으로 한 정체를 알 수 없는 사람들과도 사귀었다. 아버지는 중국에 머무는 30년 동안 중국 마지막 황제〔愛新角羅溥儀〕의 동생인 애신각라부걸愛新角羅溥傑과 이누카이 츠요시(犬養毅, 1855~1932. 만수사변을 일으켜 만주국을 세운 정치가. 암살당했다.) 같은 인물과 교우 관계를 맺었다. 나의 상상을 훨씬 더 뛰어넘는 분이다. 말년에는 별로 말씀이 없으셨지만 가끔씩 "올바른 마음으로 자신을 믿고 철저하게 자신이 좋아하는 일을 하며 살아라. 필요한 것은 나중에 다 찾아오게 되어 있다"고 가르쳐 주셨다. 어머니는 중국 대련大連에서 태어나 특무 기관에서 일하셨는데, 언젠가는 "일본의 진주만 공격을 사전에 알고 있었다"면서 대수롭지 않게 말씀하신 적도 있다. 아버지는 내가 열아홉 살 되던 해 돌아가셨으며, 어머니는 지금도 건강하게 살아계신다. 아버지의 영향을 받았는지는 모르겠지만 나도 미대에 진학했다. 졸업 후에는 아르바이트로 〈효코리효탄 섬〉(NHK에서 방송된 인기 방송 프로그램) 등의 방송에 쓰이는 미술 소도구 제작에 참여하기도 했다.

졸업하던 해, 운명의 장난이었을까, 한 남자를 알게 되었고 2주 만에 결혼했다. 굳이 동거가 싫었던 것은 아니었지만 어머니가 "이 집에서 나갈 때는 반드시 결혼해서 나가라"고 말씀하셨기 때문이다. 당시 나는 실크로드를 혼자 여행하겠다는 꿈을 가지고 몰래 여행 계획을 세우고 있었고, 어머니에게는 마지막 어리광이라며 여행에 쓸 경비를 받기로 약속까지 받아 놓은 상태였다. 터키에 있는 이시쿨 호수와 그 호수 근처에 있다는 환상의 도시에는 무슨일이 있어도 꼭 가 볼 작정이었다. 남자친구에게 그 이야기를 했더니, "나도 스무 살 때부터 세계 일주를 했지만 인도에는 아직 가 본 적이 없어서 한번쯤 가 보고 싶다."고 했다. 그렇다면 중간까지 함께 여행할까, 하는 가벼운 생각으로 우리는 의기투합했고 그대로 동거에 들어가기로 이야기를 끝냈다.

막상 재미삼아 결혼하기는 했지만 생각만큼 일본 탈출이 쉽지 않았다. 그리고 우리 두 사람이 모르는 사이에 시부모님이 혼인 신고를 해 버렸다. 그리고 여전히 우리 둘은 실크로드에도, 인도에도 못 가고 있다. 다만 한 가지 변하지 않은 사실은 지금도 이 사람은 나의 동반자라는 사실이다. 음악가인 남편은 한 곳에 머무는 것을 싫어한다. 일년 내내 일본 선국에 있는 라이브 카페를 돌아다니며 공연하고 돈을 번다. 최근에는 해외 공연까지 하게 됐다. 덕분에 결혼한 지 벌써 30년이 되어 가는 우리가 실제로 같이산 세월은 십 년도 채 안 된다. 남편은 사소한 것에는 신경쓰지 않으며 바람처럼 자유롭게 살아가는 히피 같은 사람이다. 어딘가 모르게 우리 아버지처럼, 다른 세상을 살아가는 것 같은 부분이 닮았다면 닮았달까.

니는 유모 손에 자란 탓인지, 결혼한 지 얼마 지나지 않아 사회적 책임에 대한 중압감, 정체성을 확립하지 못한 데 따른 내면의 부담이 좌절감으로 분출되고 말았다. 어떻게 살아야 할지 길을 잃고 헤매다 자살까지 시도했고, 결국 정신과 치료를 받게 됐다. 이후, 모리타식 요법(森田式療法, 불교 선禪의 여러 가지 요소를 도입한 일본식 심리 치료법으로 모리타 쇼마가 개발했다. 환자로 하여금 자신의 증상을 일상생활의 일부로 받아들이게 함으로써 삶의 질을 높이도록 도와준다.)으로 치료를 받고 회복된 후, 의사의 권유로 자연과 함께 살아가기로 결심했다. 곧 도쿄 가까운 곳에 있는 2백 년 된 농가를 발견했고 남편과 함께 자급자족 생활을 시작했다. 바로 그 무렵, 이혼 후 생활에 지쳐 버린 언니가 농약을 마시고 자살했다.

우리가 농가를 빌린 마을은 먼 옛날 패잔병 일족을 조상으로 두고 있다는 특이한 마을로, 추리소설에나 나올 것 같은 사건사고들이 다반사로 일어났다. 밀매 업자도 있었고, 한밤중에만 산에 올라가 나무를 베는 사람도 있었다. 이웃집에 살던 아흔일곱 살 된 할머니가 한겨울에 빨간 속치마 한 장만 달랑 걸치고 밖에서 빨래하는 모습을 목격했을 때는 기절초풍할 지경이었다. 그리고 어느 해 가을에 갑자기 마을에서 감쪽같이 사라졌던 노인이 봄에 나물 캐러 산에 들어간 사람에 의해 백골로 발견되는 일도 있었다. 이 마을에는 유난히 같은 성을 가진 사람들이 많았는데 큰집과 작은집이 각각의 역할 분담을 가지고 있는 것으로 미루어 보아, 어쩌면 진짜로 패잔병 일가족으로 이루어진 부락이었는지도 모르겠다.

외지인인 우리는 처음에는 마을 사람들 텃세에 시달리

며 온전하게 받아들여지지를 못했다. 그러다가 장례식에 참석하게 되고 돌아가면서 마을 일을 돕는 당번도 서게 되자 마을 사람들도 서서히 우리를 받아들여 주었다. 마을 젊은이들도 시골 생활이 싫다며 하나둘씩 빠져나가기 시작하던 때라, 20대의 젊디젊은 부부와 그 주변 사람들이 인적 없는 곳에 들어와 사는 모습을 보고 마을 사람들은 우리를 궁금해했다. 마침 그즈음 아사마殘間 산장 사건(1972년 2월 19일, 일본 나가노현 가루이자와에 있는 아사마 산장에서, 적군파 멤버 5명이 산장 관리인의 부인을 인질로 잡고 열흘 동안 투쟁한 사건. 인질은 무사히 풀려나고 인질극을 벌인 5명은 전원 체포되었다.)이 발생하자, 우리는 적군파(본래의 이름은 연합적군, 1969년 두 개의 극좌파 연합으로 이루어진 일본의 테러리스트 단체)로 자주 오해를 받았다.

샘물을 길어다 마시고 화로에서 요리를 하며 제철 야채를 먹는, 말 그대로 '나물 먹고 물 마시는' 생활을 2년간 계속했다. 겨울 동안 화로에 쓸 장작 패는 일은 도시 생활에 상처받고 피난 온 남자들이 기꺼이 도맡았다. 집에는 항상 십여 명의 사람들로 북적여 댔다. 딱 사흘만 있다 돌아가겠다던 사람들이 한 달씩 장기 체류하는 경우도 허다했다.

봄이 되자 주변이 온통 황금빛 유채꽃으로 흐드러지고

나팔꽃이 햇빛을 받으며 게으른 웃음을 보였다. 그속에서 우리는 캐롤킹(Carole King, 미국의 팝·록 가수)의 오래된 레코드를 들으며 정원에서 느긋하게 아침을 먹는 우아한 생활을 계속했다. 염소와 토끼, 개를 키우는 우리들은 얼핏 노아의 방주에 탄 사람처럼 보였을 것이다. 하지만 하나같이 20대의 피 끓는 청춘들이었다. 인생 경험도 얕은 주제에 필요 이상의 자신감으로 넘쳐서는 언젠가는 공동체를 만들겠다는 장대한 비전을 가지고 있었다. 하지만 워낙 치우친 발상이다 보니 이 집단에서나 통용되었지, 하나같이 사회성은 빵점이었다. 남편이, "우리가 해야 할 일이 아직 도시에 남아 있을 거야!"라 외치던 어느 해 여름, 집에 불이 나 전부 타 버렸다. 우리 부부가 외출했을 때 생긴 일이었다. 그 불 때문에 우리 집은 큰 접시 하나와 빨간 법랑 냄비, 그리고 마작 패 하나만 달랑 남기고 전부 잿더미로 변해 버렸다. 우리가 도쿄로 돌아왔을 때 아들은 두 살이 되었다.

몇 년이 흐른 뒤 나의 동반자, 남편은 국가에 저항했던 것을 계기로 재판을 받고 부득이하게 1년 동안 격리 생활을 하게 되었다. 이 사건으로 우리는 국가권력의 힘을 단단히 맛보게 되었다. 그런 점에서는 상당한 공부가 되었지만, 당사자도 아닌 가족들이 세상 사람들에게 냉대받고 비난당해야 하는 건 견디기 힘들었다. 어제까지 서로 편안하게 인사를 나누던 이웃 사람들이 하루아침에 모르는 남으로 변해 버렸다. 손바닥을 뒤집는 것 같은 사람들의 태도는 질릴 지경이었다. 초등학교에 다니던 아들아이도 말은 안 했지만 안 좋은 일이 있었던 것 같았다. 아들을 전학시킬까 심각하게 고민하자 담임선생님이, "이것은 어른들의 일입니다. 아이하고는 아무 상관없습니다. 학교에서는 제가 책임을 지고 아이를 지킬 테니 집에서는 어머님이 아이를 지켜 주십시오." 하고 말해 주었다. 그러자 모든 고민이 사라졌다. 다행히 시댁에서 경제적인 지원을 해 주었다.

남편이 격리 생활을 하고 있는 사가현 오오츠滋賀縣大津에 다니길 스무 번쯤 했을까? 부티가 줄줄 흐르는 기모노를 입고 고급 승용차를 몇 대씩이나 대동해 나타나는 조폭 누님, 양손에 어린애 손을 잡고 등에는 젖먹이를 업은 아기 엄마, 돌아서는 뒷모습에서도 생활고가 느껴지는 그 아기 엄마와 소박한 노부부까지, 그곳에 있는 온갖 인생이 눈에 들어오기 시작했다. 수십, 수만 가지 종류의 위법 행위를 한 사람들이 마지막으로 도착하는 종착역에 그 가족들이 있었다. 쉽게 할 수 없는 경험이었다.

그 즈음 나는 사람들을 믿지 못하게 됐고 오랫동안 세상과 거리를 두고 은둔 생활을 하고 있었다. 아들은 공립중학교의 획일화된 관리 교육을 본능적으로 피했다. 결국 새로 생긴 사이다마현 반노우시埼玉縣飯能市의 사립 〈자유노모리 학원〉 1기생으로 입학해 기숙사로 들어갔다.

한편 남편에게도 재난이 끊이지 않았다. 복잡한 인간관계에 얽히면서 위궤양에 걸렸고, 낯선 여행지에서 피를 한 양동이나 토한 채 죽음을 넘나든 적도 있다. 다행히 지금은 예전의 건강한 모습을 완전히 되찾았다. 온갖 산전수전 다 겪으면서 풍파 많았던 나의 40년 세월은 시간과 사건을 씨줄과 날줄 삼아 좌표를 그리며 그럭저럭 내가 원하는 길로 들어서고 있다.

아마존 지원 사업을 시작할 당시, 매사에 서툴렀던 나는 주부로서의 역할과 이 일을 병행해 나가기가 힘들어졌다. 어느 날 남편이 "아마존이야, 가정이야?" 하고 질문했다. "아내와 어머니로서의 역할은, 오늘부로 끝내고 싶다."며 내 마음을 솔직하게 털어놓았다. 남편은, "그 정도까지 진심이라면 경제적인 지원은 해 줄게."라고 했고, 우리는 당분간 별거하기로 합의했다. 언젠가는 경제적으로 자립하겠다던 나는 지금도 남편의 지원을 받고 있다. 지금 남편은 나를 가장 이해해 주는 사람이기도 하다. 남편의 협력이 있었기에 나는 RFJ의 일을 십 년이나 계속할 수 있었고, 그런 남편에게 나는 진심으로 감사하고 있다.

1998년 8월 19일, 까야뽀 족 라오니의 마을 메뚜띠레에서.

1995년, 스팅이 일본을 방문했을 때, 아마존 현장 보고를 마치고.

제 4 장

〈세계원주민민족회의〉에 나가다

동전의 양면

1992년 5월 24일 아침, 브라질에 첫발을 내디뎠다. 첫 번째 방문지인 리우데자네이루에 도착한 것이다. 1989년 5월에 민간단체를 설립하고 3년째 되는 해에 마침내 아마존을 방문하게 되었다. 1992년 리우회의(Rio Summit, 환경과 개발에 관한 유엔 회의. 1992년에 유엔 주최로 브라질에서 개최된, 환경과 개발을 테마로 한 국제 정상회의다. 일반적으로 유엔환경회의Earth Summit로 통칭된다. 지속 가능한 개발을 유지하면서 환경 보전을 꾀하기 위한 21세기의 행동 계획으로「리우선언」이 채택되었으며, 이 밖에도「온난화방지조약」과「생물다양성보전조약」이 체결되었다.)가 각국 정부의 공식 행사로 열렸으며, 같은 시기 세계 각국에 있는 민간단체들이 리우데자네이루에 모여 글로벌 포럼을 개최했다. 내가 브라질에 가야겠다고 결심한 건 글로벌 포럼에 참가하기 위해서이기도 했지만, 〈세계원주민민족회의〉가 열릴 예정이라는 소식을 들었기 때문이다.

　나에게는 오랜 꿈이 하나 있다. 그것은 〈환태평양원주민모임〉을 만들어 태평양을 둘러싼 각 대륙에 사는 원주민들을 일본으로 초청하는 것이다. 일본의 아이누 족, 뉴질랜드의 마오리 족과 호주의 애보리진, 남미의 인디오, 북미 아메리카 인디언, 알래스카와 캐나다에 사는 이누잇 족 사람들까지. 특히 장로와 주술사들을 초청해 원주민의 전설과 전통문화, 그리고 현장 보고를 통해 원주민의 지혜가 얼마나 놀라운 것인지 일본인들과 세계인들에게 알리고 싶다. 내가 말하는 '인디오들의 놀라운 지혜'란 다른 사람들과 조화를 이루면서 서로 존중하며 즐겁게 살아 나가는 능력을 말한다. 도쿄 가까이에 있는 절을 통째로 빌려 모두 함께 먹고 자면서 시간제한 없이 파티도 열고, 회의나 모임 같은 형식에 구애받지 않고 한 사람씩 맞대면하는 그런 행사를 열고 싶다. 일반인은 물론 정계와 재계 인사들을 포함한 온갖 분야의 사람들을 초대해 '만남의 장'을 열고 모두가 하나되는 커다란 에너지의 장을 만드는 것이다. 원주민들끼리도 서로 문화와 정보를 나눌 수 있는 좋은 자리가 될 것이다. 누가 먼저랄 것 없이 노래하고 춤추면서 서로 자연스럽게 소통하는 이런 자리야말로 진정한 풀뿌리의 확산일 거라 믿으며, 막연하지만 그런 꿈을 계속 꾸어 오고 있다.

내가 이런 생각을 하게 된 것은 1990년쯤이었다. 가끔 해외 지원 사업을 벌이는 다른 민간단체들과 행정기관에서 주최하는 회의에 참가할 때가 있는데, 이런 모임은 대개 말하는 사람과 듣는 사람 사이에 거리가 있었다. 흥미로운 주제임에도 수박 겉핥기로만 끝나는 때가 많아 현장의 생생함을 느끼기가 힘들었다. 게다가 이해하기 어려운 단어와 영어 표현이 지나치게 많았다. 논리적인 두뇌와 풍부한 지식을 가지고 있지 않은 이상, 들어도 알 수 없는 내용이 대부분이다. 시민운동을 하기 위한 훈련을 받은 것도 아니고, 외국어도 모르지만 열정만은 누구에게도 뒤지지 않는다는 자부심을 지닌 나 같은 사람에게 '단체 활동은 역시 어려운 것일까' 하는 생각이 들게 하는 자리였다. 무늬만 시민 단체 활동가인 것은 아닌지, 고민도 많았다. 하지만 '아니야, 그래도 처음에는 누구나 백지에서 출발하는걸. 기존에 없는 새로운 방식이라도 열정과 책임감을 가지고 모색해 나간다면 반드시 길이 열릴 거야.' 라며 수없이 마음을 고치고 다져왔다.

그때 해외 지원 사업을 하는 민간단체에서 일하는 사람들은 상당한 엘리트들이었다. 어학 능력은 물론이고 학력도 높은데다, 경제력까지 갖춘 머리 좋은 사람들이었다. 해외 생활 경험도 있어서 보통 사람들과는 달라 보였다. 하지만 자꾸 의문이 생겼다. 제3세계에 살면서 실제로 도움이 필요한 이들 가운데는 살아 있다는 것만으로도 힘겨운 사람들이 많다. 그런 사람들이 함께 지내 보지도 않은 낯선 외국인에게 얼마나 진심을 보여 줄 수 있을까? 풍요롭고 여유 있게 자란 엘리트 활동가들이 열악하고, 때로는 가혹하기까지 한 거친 환경에서 버틸 수 있을까? 하는 의문이었다.

그런 의문에서 출발한 생각이 〈환태평양원주민모임〉이다. 원주민 모임을 열어 원주민의 목소리를 먼저 듣겠다고 생각한 것이다. 원주민들과 친구가 되면 상하 구분 없이 똑같이 생각할 수 있게 된다. 또 친구가 어려울 때 돕는 것이 당연하다고 여기게 된다. 그런 생각을 하고 있었기 때문에 리우데자네이루에서 열리는 〈세계원주민민족회의〉는 개인적으로도 큰 기대를 갖게 되는 행사였다.

브라질로 떠나는 첫 번째 팀은 나까지 세 명이었는데, 모두 여성이었다. 한 사람은 우리 단체에서 자원 봉사자로 일하는 츠쿠바대학筑波大學 대학원생 가야노 유리茅野, 또 한 명은 나고야名古屋에 사는 시바다 나오요紫田直代 씨다.

시바다 씨는 1년 전에 알게 됐는데, '브라질의 미나마타병'이라는 제목의 보고서를 펴냈다는 소식을 듣고 도쿄로 발표회를 들으러 갔다가 처음 만났다. 시바다 씨는 1990년경, 한 해 동안 상파울루에 살면서 혼자 가림뽀(garimpo, 금 채굴 광산)에 들어간 용감한 여성이다. 시바다 씨에게 왜 가림뽀에 들어갔는지 물었더니 이렇게 대답했다.

"브라질에서 가장 가난한 사람들이 사는 곳에 가 보고 싶었어요. 우악스런 남자들한테 강간당할 것을 각오하고 가림뽀에 들어갔는데, 모두들 친절하게 대해 주어서 정말 기뻤지요. 정작 가장 가난했던 것은 제 마음이었다는 사실을 알게 됐어요."

발표회가 끝날 때쯤 시바다 씨는 낡아빠진 고무 샌들 한 켤레를 찍은 사진을 보여 주었는데, 나는 이게 참 마음에 들었다. 바로 그 샌들이 "가림뻬이로(garimpeiro, 금 채굴 업자)의 유일한 재산"이라며 시바다 씨는 발표회를 끝냈다.

포르투갈어를 할 줄 알고 브라질을 잘 아는 사람, 그리고 무엇보다 나와 마음이 잘 맞는 사람과 함께 가고 싶어서 지방 신문사에서 기자로 일하던 시바다 씨에게 브라질에 같이 가지 않겠느냐고 물었다. 그러자 시바다 씨는 바로 다음 날 신문사에 사표를 던져 버리고 왔다. 시바다 씨는 일본에 있을 때부터 미나마타병에 관심을 갖고, 미나마타병의 권위자인 구마모토대학熊本大學의 하라다 마사즈미原田正純 교수를 여러 차례 찾아가기도 했던 열정적인 사람이다.

브라질의 전 국토에는 약 4천만 곳에 달하는 금 채굴광이 있는데, 1980년대부터 효율성 때문에 수은을 사용하게 됐다. 하지만 금을 채굴하는 사람들이 수은에 대한 지식이 거의 없다 보니, 도박에서 지면 수은을 마시는 무모한 행동까지 했다. 금 채굴광 가까이에는 지도에도 없는 작은 마을이 만들어진다. 그 마을에는 술집과 매춘하는 집이 꼭 있어서 밤마다 술에 취해 이권다툼으로 서로 총을 쏘아 대는 일이 자주 일어났다. 이런 마을에서는 화폐 대신 금으로 거래하는 일이 다반사였다. 주점에 가서 술을 마시는 데도 금 몇 그램, 여관에 묵는 데도 금 몇 그램, 이런 식이다.

언젠가 우연히 이런 마을에 머물 기회가 있었다. 마을 이름은 '꿈의 성'이었는데, 다음 해가 되자 흔적도 없이 사라져 버렸다. 금이 더 이상 나오지 않게 되면서 마을도 자연스럽게 사라진 것이다. 금 채굴광도 권력자의 소유인 경우가 많아서, 구조적으로 하층민이 부자가 되기는 아주 어렵다. 더욱 무서운 사실은 아마존 강 지류 지역에 흘러

들어온 수은의 양은 미나마타만灣에 유출된 9백 톤을 훨씬 웃도는 2천 톤 이상이라는 데 있다. 그렇게 채굴된 금은 선진국의 시장으로 흘러들어간다.

파라 주 남단에 있는 시골 마을 상뻬릭스 드 아라구아이 아에서, 예전에 금을 운송하는 경비행기 회사를 운영하던 남자를 만난 적이 있다. 그 남자는 이렇게 말했다.

"지금은 나도 그 일에서 손을 떼서 말해 주는 건데, 한번 은 베네수엘라에 불법으로 금을 옮긴 적이 있었지. 그런 데 달러 뭉치를 가방에 채우고 밀림에서 나를 기다리던 사람이 바로 일본인이더라고."

이 일로 나는 세상 어느 곳에나, 어떤 일에도 동전의 양 면 같은 진실이 있다는 것을 새삼 알게 됐다.

브라질의 인구는 일본과 비슷하지만 국토는 일본의 23 배다. 처음에는, 지하자원이 이렇게 풍부하고 자연의 축복 을 받고 있음에도 왜 이렇게 빈부의 차가 생기는 것인지 이해하기가 어려웠다. 하지만 브라질 경제의 90퍼센트를 움직이는 사람이 전체 인구의 5퍼센트 정도라는 사실을 듣고는 이해하게 됐다. 5백 년 전의 지배 체재가 형태만 바뀐 채 그대로 명맥을 유지하고 있기 때문이다. 브라질은 인종차별이 없는 나라로 알려져 있지만, 그것은 잘못된 정 보다. 포르투갈이 침입한 후 약 5백 년 동안, 브라질 사람이라면 누구나 한번은 반드시 흑인이나 인디오의 피가 섞이게 되었지만, 상류계급은 흑인과 인디오가 없는, 오직 백인들로만 구성되어 있다. '빠벨라Favela'라는 빈민촌에는 검은 피부를 가진 사람들이 많다.

세계원주민민족회의

〈세계원주민민족회의〉는 1992년 5월 25일부터 30일까지, 리우데자네이루 근교에 있는 자까레빠구아Jacarepagua의 까리오까Carioca 마을에서 열렸다. 브라질 인디오 약 30부족을 시작으로 하여 남미에서 약 50부족, 아시아, 아프리카, 남태평양, 유럽, 러시아, 북미에서 약 20부족, 모두 7백여 명에 달하는 원주민 지도자들이 모였다. 세계 각국에서 이렇게 다양한 부족이 한꺼번에 만난 것은 역사상 처음 있는 일이었다.

까리오까 마을은 산들이 마을을 감싸고 있고, 숲도 적당히 푸르러 사람들의 마음을 달래 주었다. 까리오까 마을에서 주된 회합 장소로 쓰일 큰 야자나무 집은 이미 두 달 전에 인디오들이 직접 세워 놓았다. 각 나라에서 온 원주민들이 머물 천막 집도 십여 채 넘게 준비되어 있었다. 어떤 일이 벌어질까, 기대감에 들떠 25일 아침을 맞았다. 현장으로 갔더니 이상하게도, 주최자는 없고 손 놓고 기다리는 원주민들 모습만 보였다. 행사 당일인데도 그랬다. 당황한 사람들을 지켜보던 어떤 브라질 사람이 말해 주었다. "시작하려면 한 이틀은 더 걸릴 게요. 이런 일은 브라질에서 자주 있는 일이외다."

그 말대로 27일 즈음부터 그럭저럭 행사가 시작되었다. 주로 브라질 인디오가 독자의 전통문화를 보여 주기 위해서 노래하고 춤추었는데, 대부분의 사람은 상반신은 벗고, 하반신은 천이나 미노(깃털, 풀 등으로 만든 앞가리개)를 입었고, 머리에는 깃털 장식을 달았다. 마지막은 목걸이와 귀걸이로 장식했는데, 그 화려한 빛깔에 넋이 나갈 지경이었다. 갑자기 설탕에 개미 떼가 꼬이듯 각국의 보도진이 모여들어 카메라 플래시를 터뜨리며 영상을 찍기 시작했다. 예절이라고는 눈곱만큼도 찾아볼 수 없었고, 인디오들을 우주인처럼 대하는 보도진의 대응은 놀랍기만 했다. 일본에서도 주요 신문사 몇 곳이 찾아왔다. 한 신문기자가 나에게 오더니 "누가 되든, 아무나 인디오 지도자 한 명만 소개해 달라."고 했다. 어떤 기사를 쓸지 알 수도 없었고, 그 뒤를 책임질 수도 없었기 때문에 일단 거절했다. 우리 단체는 원주민 지원 사업을 일회성으로 하는 게 아니었기 때문이다.

이 행사가 지니는 의미가 무엇인지, 어떤 목적이 있는지 그때는 분명하지 않았다. 우리 일행은 브라질 인디오들을 만나 보기로 했다. 떼레나 족의 뻬닌시오와 뻬도로가 이렇게 말해 주었다.

"목장주들이 쳐들어와 우리는 계속 땅을 빼앗기고 있다. 우리는 이 회의를 통해 시급히 경계선 확정(원주민 보호 구역 인정)을 요구하고 싶다. 우리 부족은 외부에서 온 사람들을 환영하는 관습이 있다. 그런데 백인들이 그것을 이용하여 마을에서 마리화나를 재배해 팔고는 그 죄를 우리에게 뒤집어씌었다. 1만 헥타르나 되었던 땅은 이제 4분의 1밖에 남지 않았다. 우리는 여기까지 오는 데 꼬박 이틀이 걸렸고, 그동안 아무것도 먹지 못했다."

이틀 만에 처음 하는 식사이면서도 뻬닌시오와 뻬도로는 우리들에게 뻬이조아다(feijoada, 콩과 고기로 만든 브라질의 일반적인 요리)를 나누어 주었다.

또 이 당시 큰 문제로 거론된 것은 금 채굴광에서의 수은 오염이었다. 금을 선별할 때 사용하는 수은 방류 때문에 이미 수은중독 증상을 보이던 야노마니 족의 추장 다비 꼬뻬나와를 만날 기회를 얻었다. 야노마니 족 인구는 약 1만 5천 명이다. 수은중독과 외부에서 들어온 전염병, 그리고 살육 때문에 1990년부터 1992년까지, 약 1천5백 명이나 되는 사람들이 죽었다. 단 2년 동안 말이다. 어떤 마을에서는 두 살 밑의 어린이가 한 명도 살아남지 못했다고 한다. 다비 꼬뻬나와 추장은 말했다.

"백인의 권리와 풍요로운 생활을 위해서 인디오는 지금도 희생당하고 있습니다."

난비꾸와라 족 사람은, "경계선 확정은 끝났다. 하지만 목재 벌채 업자와 금 채굴 업자들의 불법 침입이 끊임없이 일어나고 있다. 그리고 기독교 교회의 영향으로 우리 문화는 전부 죽었다."며 가슴 아플 정도로 잘라 말했다.

빠따쇼 족 지도자 니야바이는 이렇게 말했다.

"우리는 다른 부족 사람들과 이야기를 해 보고 싶어 이곳에 왔다. 지난 1년 동안, 목재 벌채 업자와 다투는 과정에서 우리 부족 사람 열다섯 명이 죽었다. 숲에서는 더 이상 우리가 먹을 동물을 구할 수 없게 됐다."

그 말을 한 뒤로 조용히 앉아 있기만 하던 니야바이는 마지막으로 덧붙였다.

"인디오는 대지를 위해서 죽는다!"

일흔 살 정도 되는 이 인디언 장로가 살아온 시간을 짐작할 수는 없었지만, 자긍심을 잃지 않고 미래를 예측하듯 먼 곳을 바라보던 그 시선을 지금도 난 잊을 수가 없다.

까라자 족 지도자는 말한다.

"까라자 족의 상징은 볼에 한 둥근 문양의 문신이다. 하지만 젊은이들은 이런 관습을 싫어한다. 인디오의 자랑과 전통을 잃어 가고 있다. 우리들은 자식이 죽으면 그부모는 일 년 동안 집 밖으로 나가지 않고 상을 치른다."

또 다른 지도자가 천천히 입을 열었다.

"인간은 죽기 위해서 산다!"

수많은 인디오들과 이야기를 나누면서 내가 전혀 몰랐던 것들을 많이 알게 되었다. 그리고 브라질의 역사적 배경도 어렴풋하게나마 보이기 시작했다. 이들의 문제는 뿌리 깊고 복잡하며 개별 상황도 다르다. 하지만 한 가지 공통되는 사실은, 먼저 살고 있던 원주민들의 땅에 외부에서 사람들이 쳐들어와 닥치는 대로 노획했다는 사실이다. 그것도 수단과 방법을 가리지 않고, 자신의 욕심을 채우기 위하여 정의라는 대의명분을 내세우면서 말이다. 이는 물론 브라질에 한정된 이야기만은 아니다. 세계 각국의 원주민들이 거의 다, 내용은 다르지만 똑같은 방식으로 그 수가 줄어들거나 멸족의 길로 내몰리고 있다.

첫째 날은 참가 부족 모두가 각자 자기 부족 고유의 춤과 노래를 보이는 것으로 마감했다. 둘째 날에는 여러 언어 중 사용자가 가장 많은 영어 사용자와 포르투갈어 사용자로 나누어 회의를 진행했다. 이상하게도 영어 사용자들은 원주민이 아닌 사람은 회의에 끼워 주지 않았다. 포르투갈어 사용자들, 그러니까 브라질 인디오들은 자신들이 지금 겪고 있는 문제를 효과적으로 호소하기는 했지만 토론으로 이끌어 가지는 못했다. 까야뽀 족의 지도자 깐논께만 빼고 말이다.

"우리가 이 자리에 모인 것은 자신들의 뛰어난 전통문화를 서로 확인하기 위해서다. 백인의 종교를 받아들여서는 안 된다. 그리고 우리 언어를 잊어서는 안 된다. 우리들의 시간 개념과 백인들의 시간 개념에는 큰 차이가 있다. 마을에 돌아가서도 이 모임의 의미를 잊어서는 안 된다. 인디오끼리 서로 도우며 앞으로의 일을 생각해야 할 때다."

깐논께는 이렇게 훌륭한 연설을 해 주었다.

〈세계원주민민족회의〉는 발안자 중 한 사람인 떼레나 족의 마르꼬스 떼레나Marcos Terena가 〈유엔환경개발회의〉에 제출하는 성명문 「까리오까에서 온 편지」 초안을 배포하며 제1장을 읽어 내려가는 것으로 끝이 났다.

"원주민이 무식한 것은 좋은 일이 아니다. 우리는 근대 산업 사회에서 필요로 하는 천연자원에 대한 지식을 이해하고, 새로운 미래를 열기 위하여 우리가 해야 할 선택에 대해 다시 한번 고려해야 마땅하다."

결국 첫 번째 〈세계원주민민족회의〉는 여러 시행착오와 미숙한 진행 탓에 결과적으로는 어중간하게 끝나고 말았다. 하지만 이 정도로 많은 원주민들이 한자리에 모여 서로의 문화를 교류했다는 것만으로도 의미가 있었다고 보아야 할 것이다.

대다수의 원주민은 이미 화폐경제 시스템 속에서 살아가고 있다. 전통문화를 잃고 그것을 되찾고자 하는 부족, 그조차 포기하고 축제 때만 고유한 의상으로 문화를 표현하는 부족, 그리고 여전히 고집스러울 만큼 외부의 것을 하나도 받아들이지 않는 부족까지, 각각이 처한 상황 아래 얼마 되지 않는 선택지 가운데 몇 가지를 택해 살아남아 왔다.

회의 기간 중 아이누 족의 이카 도시伊賀 씨와 이야기할 기회가 있었다.

"겐코 씨, 나는 그렇게 생각해요. 일본에는 아이누도 샤모(일본인)도 없다고 말이에요. 옛날에는 아이누가 샤모들에게 힘든 일을 당했을지 몰라도, 그 옛날 일을 가지고 이렇게 저렇게 원망하는 것보다는 앞으로 어떻게 사이좋게 지낼지 이야기하는 게 더 중요하지 않을까요? 난 어부예요. 그러니 겐코 씨, 언제든지 홋카이도에 오면 들러 주세요. 내 맛있는 생선을 대접할 테니까요."

수도 없이 힘든 일을 많이 겪었을 이카 씨에게 이 말을 들으니 가슴이 뜨거워졌다.(나중에 알게 된 일이지만, 이카 씨를 만난 지 몇 달 뒤에 이카 씨의 아들이 도쿄에 돈 벌러 왔다가 공사 현장에서 열사병으로 죽었다는 기사를 읽게 됐다. 정말로 가슴이 찢어질 듯 아팠다. 저자 주)

〈세계원주민민족회의〉에 참가한 일본인은 보도진과 우리 단체에서 참석한 세 명뿐이었다. 회의장에서는 만나지 못했지만 국회의원인 도모 아키코堂本曉子 씨도 참석했다. 리우데자네이루에 사는 천 명 가까운 일본인들 가운데는 시민운동가와 민간단체 활동가도 상당수에 이른다. 그런데도 〈세계원주민민족회의〉에 참석한 일본인이 이것뿐이라는 것에는 몹시 실망스러웠다. 정보가 제대로 전달되지 않은 탓인가 싶었다. 약 4천 명에 가까운 사람들이 모여 연일 40도를 넘는 무더위 속에서 개최된 까리오까 회의에서는 멋진 사람들도 만났고, 실망스러운 일도 많았다. 하지만 이 며칠 사이에 일어난 일이 원주민의 밝은 미래를 시작하는 첫걸음이 되기를 간절히 바란다.

1992년, 까리오까 마을에서 〈세계원주민민족회의〉가 열렸을 때의 모습. 각 부족의 인디오들이 자신들이 지금 처한 상황에 대해 호소했다.

까리오까 회의에서 주된 모임 장소로 쓰인 야자나무 집.

쭈꾸루이 댐. 알루미늄을 가공할 때 필요한 엄청난 양의 전기를 포키사이트에 공급한다. 이 댐은 도쿄도 23개구를 합한 엄청난 크기를 자랑한다.

베렌항에 수출용으로 산적된 알루미늄 박스. 원주민들의 생명과 바꾸어 선진국으로 수출되어 나간다.

마트그로수 주에 있는 금 채굴광. 열대림을 밀어내고 금을 캐
낸다.

금 채굴광 근처에 생긴, 지도에는 없는 간이 마을. 금이 나오지
않으면 마을도 자연스럽게 없어진다.

제 5 장

일본NGO의 현실

시간을 다소 거슬러 올라가 본다. 1989년 5월, 스팅 일행의 "아마존을 지키자" 세계 순회 방문이 끝난 뒤, 뉴욕에 〈국제열대우림재단Rainforest Foundation International〉이 만들어졌다. 국경 없이 각국에서 지부를 만들어 열대우림 보호와 원주민들의 인권을 지키는 활동을 서로 연대해 실천해 나가자는 목적으로 만들어졌는데, 당시 10여 개국에 지부가 있었다. 그때 여러 나라 회원들이 리우데자네이루에 모인 것을 계기로 국제회의를 열자고 의기투합했고, 브라질 지부 대표였던 올림피오 세하의 집에서 첫 만남을 가졌다. 세하 씨와는 그 전해에 세하 씨를 초청해 심포지엄을 열었기 때문에 서로 알고 있었고, 그 2년 전에는 치요다구千代田區 사찰에 있는 〈NGO활동추진센터(JANIC)〉가 주최한 국제회의 패널로, 브라질 지부 사무국장인 루이스 까를로스 삐나제를 초청한 적이 있었다. 그래서 브라질 회원들과는 이미 낯이 익었다. 이 사람들 가운데 노르웨이의 랄스가 중심인물이었는데, 랄스는 문화인류학자인 동시에 노르웨이 대표였고, 이미 20년 전부터 브라질 원주민 보호 활동을 지원해 온 사람이었다. 원주민 보호 운동의 창시자인 셈이다.

"브라질 원주민 보호 문제와 자연보호 문제는 서로 복잡하게 얽혀 있습니다. 풀뿌리 차원의 지원도 좋지만, 인디오 보호구역을 법적으로 확보하는 것이 더 급합니다. 브라질의 꼬롤 대통령은 1995년까지 5백여 곳에 이르는 인디오 거주 구역 전체를 보호구역으로 정식 승인하겠다고 약속했습니다. 나라마다 사정이 다르고 세금 문제도 다르니, 서로 긴밀하게 정보를 주고받으시기 바랍니다."

랄스가 들려준 노르웨이의 해외 지원 제도는 놀라웠다. 노르웨이는 '정부개발원조(ODA)'를 통해 해외 지원금을 100퍼센트 무상 보조하고 있으며, 해외 원조 사업도 시민 단체가 승인하면 정부 역시 똑같은 사업을 지원한다고 했다. 시민 단체 활동 자금도 정부에서 모두 제공한다. 기업에서 하는 기부금에는 면세 혜택을 주고, 개발 교육도 구석구석까지 미쳐 있어서 좋은 인재를 양성하고 있다. 실제로 노르웨이 환경부 장관은 '리우회의'가 끝난 뒤, 위험한 경비행기를 타고 정글을 시찰했다. 아무렇지 않게 말이다. 현장을 보는 것이 가장 중요하기 때문이라는 것이었다.

세하 씨의 집에서 열린 모임은 뉴욕 본부 지부장의 발언으로 끝이 났다.

"활동 자금은 여러분 스스로 만드십시오. 본부는 각 지부에 자금 지원을 하지 않습니다."

'활동 자금을 직접 만들라고? 생각보다 일이 어려워지겠네.'

하는 생각이 들었다. 1998년에 스팅 일행의 일본 체류를 도와달라고 찰스가 전화했을 때 내게 그랬다. "6개월 뒤에 유명한 청바지 회사에서 1천만 엔의 자금을 지원하기로 했어"라고. 6개월만 사무실을 유지하면 된다는 가벼운 생각으로 단체를 만들고, 사무실을 빌리고, 활동에 필요한 물품들을 샀다. 하지만 6개월 뒤에 그 청바지 회사는 〈세계자연보호기금(WWF)〉에 지원금을 주고 말았고, 그 빚은 고스란히 내 차지가 되었다. 활동 자금을 혼자 부담하면서 3년을 보내고 나니 나에게는 한 푼도 남지 않았다.

가끔 사람들이 나에게 묻는다. "봉사 활동을 하고 싶은데, 어떻게 하면 좋을까요?" "시민 단체 하나 만들면 어떨까요?" 그럴 때마다 사람들에게 나는 이렇게 말해 준다.

"가벼운 마음이라면 시작도 마세요. 하지만 정말 진심으로 하고 싶다면 목숨 걸고 하세요."

일본에 있는 시민 단체 가운데 큰 단체 몇 곳을 뺀 나머지는 모두가 사정이 어렵다. 일반인들은 가끔 "봉사 활동을 하면서 월급을 받는다고요?" 하고 놀란다. 단체 활동가라고 이슬만 먹고 살 수야 없지 않은가? 요즘 사회에서 살아가기 위해서는 돈이 필수다. 자랑은 아니지만, 우리 단체는 어쨌든 모두가 무급으로 일한다. 돈을 받으면 어딘가에 그 영향이 미치기 때문이다.

일본 시민 단체의 중추 역할을 하는 〈NGO활동추진센터〉의 사무국장 이토 미치오伊藤道雄 씨 얘기를 해야겠다. 개인적으로는 유서 깊은 가게를 경영하고 있으면서 센터 일까지 해야 해서 몸이 둘이라도 모자란다. 센터 설립 후 지금까지, 활동 자금을 모으는 일에 애쓰고 있다.

내가 알고 있는 일본의 뜻있는 시민 단체들 역시 조직 유지에 고군분투하고 있다. 유럽의 시스템이 전부 옳다고는 생각하지 않지만 적어도 시민운동에 관해서만큼은 유럽 정부는 시민 단체가 하는 일을 제대로 평가하고 신뢰하고 있다는 생각이 든다.

하지만 이렇게 된 데는 일본 시민 단체의 책임도 있다. 1991년부터 〈우정성〉에서 시작한 '자원 봉사 적립적금' 제도는 획기적인 것이었다. 그런데 이 기금을 노리고 어중

이떠중이 단체들이 잔뜩 생겨났다. 하고 싶은 사업이 있으니 돈을 지원해 달라고 하는 것이 정상인데, 이건 거꾸로 일단 돈을 주면 그때부터 사업을 생각해 보겠다는 식이었다. 말이 되는가. 오랫동안 성실하고 꾸준하게 활동해 온 건실한 단체들이 불쌍할 지경이었다. 하지만 그런 식으로 불순하게 태어난 단체는 오래가지 못할 것이 분명했다.

향후 시민운동에서 가장 중요한 일이면서, 우리가 가장 먼저 해야 할 일은 개발 교육이다. 다음 세대에게 현장 사람들이 구체적인 실상을 전할 수 있는 가장 좋은 방법은 역시 현장을 직접 보는 것이다. 주제를 짜서 팀을 만들어 둘러보는 것도 좋고, 혼자 일본을 떠나 체험하는 것도 좋겠다. 그리고 한번쯤은 제3세계 지원 사업에 몸을 맡겨 보기를 바란다. 그러면 반드시 무언가를 느끼게 될 것이고, 새로운 세상을 보게 될 것이다.

일본에서 시민 단체 활동에 열심인 저자. 지금도 학교를 중심
으로 한 교육 현장과 시민, 사회인, 기업 등을 대상으로 적극적
인 강연을 하고 있다.

지인이 세운 시민 단체 설립식에 초청받았을 때.

제 6 장

지구의 희망, 아마존 인디오

긍정의 에너지

다시 원래의 이야기로 돌아가자. 1992년에 진행된 글로벌 포럼을 끝내고 6월 15일, 우리는 리우데자네이루에서 브라질리아로 이동하였다. 드디어 지원 대상 지역인 싱구 강으로 들어가는 것이다. 기다리고 기다리던 일이다. 흥분이 쉽게 가라앉지 않았다. 당초 안내인으로 브라질 지부의 사무국장인 루이스 까를로스 삐나제가 동행할 예정이었지만 워낙 바빠서 형인 빠울로 삐나제를 소개받았다.

빠울로의 첫인상은 무뚝뚝했다. 보통 브라질 사람과는 달리, 사람을 대할 때도 거칠었다. 빠울로는 1992년 2월까지 〈뿌나이〉에 근무하다가 현장에서 일하게 됐는데, 자신이 정부의 입장에 서야 한다는 것에 염증을 느끼게 됐다. 그 뒤 한 마리 늑대처럼, 홀로 원주민 지원 사업의 길을 선택했다. 이 일을 하기 전에 빠울로는 클래식 발레단의 무용수였다. 소문에 의하면 어느 날 갑자기, 자신의 꿈보다는 다른 사람에게 도움이 되는 일을 하면서 살고 싶다는 깨달음을 얻었다고 한다. 예술가의 길을 버리고 인디오를 지원하는 세계로 들어선 특이한 사람이지만, 정글과 인디오를 한없이 사랑하는 사람이기도 하다. 빠울로와는 그때 처음 만나 지금까지, 신뢰관계 속에서 서로 협력하며 지원 사업을 계속하고 있다. 빠울로는 1989년에 라오니가 일본에 왔을 때, 라오니를 그림자처럼 보필했던 바로 그 사람이다. 그때 메가롱은 싱구의 행정 책임자 역할과 인디오 지도자, 브라질 지부 부대표까지 1인 3역을 맡아야 했기 때문에 지원 부분은 빠울로에게 위임했다.

브라질이 리우데자네이루에서 브라질리아로 수도를 옮긴 것은 지리적으로 볼 때 아마존 개발을 의식한 것으로 보인다. 1960년대에 만들어진 〈뿌나이〉 본부는 수도 브라질리아에 있다. 브라질리아는 얼핏 질서정연해 보이지만 한편으로는 무미건조해 보이기도 하는 곳이다. 미래 도시처럼 보이게 하는 건물이 눈에 띄는가 하면 인공적인 느낌, 무기질적인 느낌이 가득하다. 이런 묘한 풍경과는 대조적으로 기후는 정글 그대로다. 비즈니스만 있을 뿐 펄떡펄떡 살아 숨 쉬는 인간 냄새가 없는 곳, 이곳을 처음 방문했을 때의 인상이었다. 그 후 10년 가까이 브라질리아를 방문하고 있지만 여전히 이곳이 낯설다. 하지만 싱구 강에 들어가려면 반드시 브라질 외무성과 〈뿌나이〉에 들러야 하기 때문에 싫어도 어쩔 수 없다. 그런 내 모습을 보고 브라질에 사는 한 친구가 이런 말을 해 준 적이 있다.

"브라질리아의 대지에는 크리스털이 잠들어 있는데, 크리스털은 에너지를 증폭시키는 작용이 있대. 그래서 긍정적으로 생각하면 행복해지고, 부정적으로 생각하면 한없이 우울해진대."

그러고 보니 최근 몇 년 사이 세계 각국의 신흥 종교가 브라질리아로 모여들고 있던데, 그것도 그 때문이 아닐까 싶다. 특히 이들은 가난한 사람들을 목표물로 삼고 있는데, 그 종교의 뿌리 역시 기독교에 있다. 그중에서도 가장 널리 침투한 것이 브라질에서 생겨난 '식물의 혜택을 입은 통일된 영혼Centro Espirita Beneficente Uniao do Vegetal'이라는 종교다. 이 종교는 의식 중에 아야후아스까Ayahuasca라는 식물 줄기를 달여 마시는데, 이 물을 마시면 사람마다 조금씩 느낌은 다르지만 어떤 이는 미래를 보기도 하고, 다른 세계에서 오는 메시지를 받기도 하는 등 여러 환각 현상이 나타난다고 한다. 하지만 자칫 잘못하면 이승이 아닌 저승으로 갈 수 있을 만큼 위험한 식물이다. 아야후아스까는 처음에는 페루에 있던 잉카제국 신관과 원주민들이 신이나 정령과 교신하기 위해서 사용한 풀이다. 병을 낫게 하는 신성한 약초로, 경외심을 가지고 대해야 할 식물이다. 안 그러면 큰일이 생길지 모른다. 1994년부터 네 번, 싱구 강 지역에 봉사 팀원으로 동행해 준 사진작가 나가다케 히카루永武 씨는 이 신흥 종교의 발상지인 아마존 정글에 머물면서 수많은 체험을 했다. 히카루 씨는 남미의 여러 약초를 접하고 많은 주술사들을 만나면서 인간의 길을 배웠다. 늘 냉정한 판단력과 올바른 행동을 하며, 강한 육체와 정신력을 지닌 멋진 여성이다.

분명 인간은 궁지에 몰리면 신에게 의지하게 된다. 하지만 필요할 때만 매달린다면 신도 그리 기쁘지만은 않을 것 같다. 현세의 이익을 바라는 것은 종교 본연의 역할이 아니다. 지금 누군가에게 필요한 모든 것은 이미 하늘이 베풀어 주었기 때문이다. 내가 생각하는 신은 그래서, 커다란 우주 에너지다. 한결같은 마음과 굳은 심지로, 배짱을 가지고 바르고 진지한 자세로 원한다면 자신이 소원하는 일은 반드시 이루어진다. 우주의 커다란 에너지가 응원해 주고 있으니 그 힘을 믿고 행동하면 되는 것이다.

다만 그 바람이 개인적인 것이기만 하고 다른 이에게 도움이 되지 않는 것이라면 소용이 없다. 이 부분이 미묘하다. 물론 본인이 행복해지는 것이 가장 중요하다. 단적으로, 불행하고 외로운 사람이라면 다른 사람과 온기를 나눌 수 없다.

바깥에서 신의 존재를 찾기 전에 자기 내면의 목소리에 귀를 기울이면 영감이나 통찰이라는 형태로 좋은 생각이 떠오를 것이다. 항상 우주와 교신할 안테나를 갈고 닦아 육체 에너지의 순환을 부드럽게 한다면 건강에도 만점이다. 종교란 일종의 법칙이라고 생각한다. 어떤 사람이 자기 안에 있는 긍정의 에너지를 언어에 담아 표현하면 다른 사람들한테도 기분 좋게 전달된다. 그리고 그것이 돌고 돌아 나에게 더 좋은 일로 되돌아온다. 물론 그 반대일 경우에는 최악의 상황이 일어난다. 아무리 사소한 에너지라고 해도 반드시 현상으로 나타나게 되어 있다. 그 사람이 긍정적으로 느끼는지 아닌지에 따라 결과도 크게 달라진다. 인간은 태어날 때 빈손으로 태어났다. 죽을 때도 물질, 지위, 명예, 돈 따위를 손에 든 채 저세상으로 갈 수는 없다. 그렇기 때문에 어떻게 살 것인가는 상당히 중요한 문제다. 모든 결정은 자신이 선택하는 것이기 때문에 후회 없는 인생을 살기 바란다. 이러한 내 생각은 실제 싱구 강에 가서 너무도 생생한 현실로 나타났다.

문명에서 원시로

1992년 6월 17일 저녁 7시, 브라질리아의 버스정류장에서 심야버스가 출발했다. 브라질리아에서는 국내 항공비가 중산층의 월급에 해당될 만큼 비싸기 때문에 대부분의 사람들은 국내에서 이동할 때는 장거리 버스를 탄다. 국토가 넓기 때문에 스물네 시간 꼬박 차를 타고 이동해야 하는 일이 흔하지만 버스 안에 화장실도 있고, 나름 쾌적하다. 또 장거리 버스를 타고 이동하는 일은 상류 계층을 제외한 다양한 사람들의 생활을 충분히 엿볼 수 있는 기회도 된다. 이번에 탄 버스는 2층 높이 정도로 큰 차량인데다가 객석 아래에는 짐을 수납하는 공간이 있어서 브라질리아에서 산 가재도구와 가전제품까지 대충 꾸려서 전부 실었다.

30분 정도 달리자 외길로 들어서면서 사방이 어둠 속에 묻혔다. 사바나에 들어선 것이다. 버스 안은 냉방이 너무 잘 돼 있어 얼어 죽을 것처럼 추웠다. 모포로 몸을 감싸고 꾸벅꾸벅 졸고 있자니 한밤중에 중간 지점인 바하드갈사라는 마을에 도착했다. 졸린 눈을 비비며 밖으로 나서자 더운 열기가 후끈 몰려왔다. 작은 시골 마을의 버스정류장인데도 옥수수가루를 떡처럼 찐 달달한 음식과 커피, 맥주, 주스를 파는 매점이 알전구의 흐릿한 조명 아래서 손님을 기다리고 있었다. 정류장에서 조금 떨어진 곳에서는 여성 두세 명이 호객 행위를 하는 모습이 보였다. 나른한 이 시간과 공기가 기분 좋게 다가왔다.

볼일을 본 뒤 버스가 다시 출발했다. 여기서부터 종점인 까나라나까지 바깥 풍경은 정글과 목장의 무한 반복이다. 버스가 내부 전기까지 끄고 맹렬한 속도로 달리기 시작하자 싫어도 잠을 청하는 수밖에는 도리가 없다. 한참 자는데 갑자기 버스가 무언가에 부딪히는 "쿵" 하는 소리와 함께 급정거를 했다. 눈을 뜨고 밖으로 나가니, 운전수가 "재규어를 치었다!"며 호들갑을 떨고 있었다.

아침 10시경, 아꾸아보아라는 작은 마을에서 다시 버스를 갈아타고 12시에 종점인 까나라나에 도착하면서, 브라질리아에서 이곳까지, 꼬박 열일곱 시간에 걸친 대장정이 막을 내렸다. 까나라나는 남부 사람들이 이주해서 만든 개척 마을이다. 주변에 목장 만드는 일을 생업으로 삼고 있는 곳으로 30분만 걸으면 모두 돌아볼 수 있는 작은 마을이다. 그래도 은행까지 있는 어엿한 마을이다. 마을 사람들이 밖에 앉아 느긋하게 마테차를 마시고 있었다.

호텔 '당가라'로 향했다. 이 마을의 유일한 호텔인 '당가라'는 가족들이 운영하고 있다. 작은 마을인데도 까나라나의 도로 폭이 유난히 넓은 것이 이상해서 호텔 주인에게 까닭을 물었더니 이런 말을 해 주었다.

"휴일에는 목장주의 가족들이 경비행기를 타고 놀러오거든요. 도로가 활주로 역할까지 하느라 그래요."

브라질의 부자들에게는 너른 땅을 이동할 때 자가용만으로는 부족한 모양이다.

이 마을에서 싱구 강에 들어갈 준비를 시작했다. 보트연료인 가솔린과 기름, 야영용 칼을 샀다. 이제부터는 화폐경제와는 다른 세계가 기다리고 있다. 싱구 강은 원류가 네 곳으로 나누어져 있어서 동서남북 어디에서나 들어갈 수 있는데, 이번에는 꾸르에니에서 들어가기로 했다.

까나라나에서 하룻밤을 머문 다음날 아침, 속도기도 달려 있지 않은 낡아빠진 트럭을 빌려 정글을 달리기 시작했다. 정글과 목장 사이를 뚫어 만든 울퉁불퉁한 길을 6시간쯤 달려서야 드디어 꾸루에니에 도착했다. 행정 기관이라고는 〈뿌나이〉의 출장소뿐인데, 조잡한 오두막에 무전기 한 대와 책임자 한 명이 있을 뿐이다. 인디오 보호구역 안의 책임자는 대부분 인디오다. 긴급할 때는 브라질 본부나 다른 부족과 연락을 취하는데, 보통은 소문이나 부락 간의 일상생활에 대한 이야기를 나눈다. 우리는 싱구 강을 이동할 때 다음 방문지로 연락하는 일에 쓰고 있다. 불법 침입자를 감시하는 데 무전기는 없어서는 안 될 중요한 물건이다.

아마존의 원류에 가까운 꾸루에니에서 25마력짜리 엔진을 단 알루미늄 보트를 타고 마침내 싱구 강을 내려갈 무렵에는 이미 저녁이었다. 7백 킬로미터에 달하는 이번 여정에 사용할 가솔린과 기름을 싣고, 배는 조용히 강기슭을 떠났다. 때마침 저녁노을이 하늘을 새빨갛게 물들이고, 양 강기슭의 정글이 그림자놀이처럼 검게 떠올랐다. 마치 신기한 나라에 들어선 것 같은 환상적인 풍경이었다. 하루 종일 그렇게 덥더니 일몰과 함께 기온이 급격하게 떨어졌다. 빛이라고는 전혀 없는 강을 인디오 선장은 편안하게 배를 저어 나갔다. 두 시간 정도 지나자 싱구 강의 첫 번째 부락인 '땅굴'이 나왔다. 오늘은 이곳에서 묵기로 했다.

싱구 강 지역에 있는 '말로까Maloca'는 커다란 야자나무 집인데, 이엉으로 엮은 일본의 농가와 상당히 비슷하다. 손도끼로 새긴 것 같은 커다란 기둥과 대들보를 뼈대로 삼고, 지붕은 아름다운 눈썹처럼 부드러운 곡선을 가진 집이다. 입구는 두 곳이다. 한 지붕 아래 혈연관계에 있는 사람들이 많게는 20명 정도까지 같이 산다. 땅굴 족 사람이 익숙한 솜씨로 해먹을 달아 주었다. 태어나서 처음으로 사용하는 터라, 능숙하게 이용하기까지 상당한 시간이 필요했다. 해먹과 평행으로 몸을 뉘이면 등이 둥글게 말려서 불편하지만 대각선으로 누우면 등이 펴지면서 해먹 사이로 몸이 푹 감싸여, 나비 유충이 된 것처럼 편안하게 잘 수 있다. 밤에는 기온이 10도 이하로 떨어지기 때문에 집안 곳곳에 작은 모닥불을 지피는데, 아침까지 누군가가 장작을 넣어 주었다. 아래에서 따뜻한 열이 전해지면서 어느 사이엔가 나도 모르게 잠이 들었다.

동이 트면서 저절로 눈이 떠졌다. 공기가 달랐다! 호흡한다는 일이 이렇게 자연스럽다는 것을 태어나서 처음으로 알았다. 도시에 있을 때는 항상 눈앞에 옅은 안개가 낀 것 같은 느낌이었는데, 그런 것이 전혀 느껴지지 않고 온몸의 세포와 오감이 말갛게 깨어나는 것이 아닌가! 나도, 모든 인간도, 동물도, 식물도 확연하게 그곳에 존재하고 있음을 느낄 수 있었다. 세포 구석구석까지 존재감이 느껴졌다. 온몸이 기쁨으로 떨렸다. 아무 이유 없이 "살아 있음에 감사" 하는 마음이 들면서 나도 모르게 태양을 향해 두 손을 모았다. 말로는 제대로 설명할 수가 없었다.

땅굴 족 사람이 불을 지펴, 아침에 잡아 온 물고기를 굽고 있었다. 피라니아가 입을 벌려 날카로운 이빨을 내보인 채 나를 노려본다. 생긴 것은 그다지 예쁘지 않지만 맛만큼은 두툼한 도미 살처럼 쫄깃하다. 아마존 강 지류 지역에는 약 2백 종의 피라니아가 사는데, 그중에는 몸길이가

80센티미터나 되는 커다란 것도 있다. 갓 잡은 물고기는 신선하고 탱글탱글해서 손으로 툭 떼어 먹을 수 있을 정도로 싱싱하다. 막 구워 낸 만디오까(mandioca, 고구마 모양의 뿌리 식물로 전분이 많고 일 년에 몇 번씩 재배가 가능하며 원주민들이 주식으로 삼는다.)는 고구마 와플 맛이 나는데, 이 만디오까에다 물고기를 돌돌 말아 먹으면 조미료가 없어도 그 맛은 가히 천하일품이다.

배고픈 것도 해결됐겠다, 이제 꾸이꾸이 족이 사는 부락으로 서서히 출발했다. 까나라나에서 꾸이꾸이 족의 지도자 따바따가 함께 가기 때문에 오늘은 마음이 든든했다. 여기서부터 배로 다섯 시간 정도 가면 꾸이꾸이 족이 사는 마을이 나온다. 이 마을은 강변에 도착한 후 다시 4킬로미터 정도 걸어가야 나오는데, 이 마을에 가려면 중간에 수렁도 건너야 하고, 그 수렁을 건너면 다시 통나무로 만든 수백 미터의 다리를 건너야 한다. 이 통나무 다리는 폭이 20센티미터밖에 안 되어, 짐을 짊어지고 건너기란 거의 불가능하다.

고생고생 끝에 마침내 마을에 도착하자 바로 방문 의식이 시작되었다. 안타깝게도 장로인 아후까까가 외출 중이라 그의 동생인 따바따의 집에서 묵기로 했다. 모두들 잘 왔다며 환영해 주었다. 몇 명인가는 이미 까리오까에서 개최된 〈세계원주민민족회의〉에서 만난 사람들이었다.

가진 것 없어도 행복한 사람들

느리게 가는 원주민의 시간은 화폐경제 논리로 살아가는 우리 사회와는 정반대로 흘러간다. "비효율, 여유, 놀이"가 당당하게 통하는 세상이다. 따바따가 물고기를 잡아 주었다. 피라니아와 비슷한 빠꾸라는 물고기다. 뚜꾸나레(Cichla ocellaris, 아마존에서만 사는 열대 담수어. 요즘은 관상용으로도 키운다.)와 도라도(dorado, 금빛의 아름다운 물고기지만 이빨도 크고 턱 힘도 세다.)는 개인적으로 내가 가장 좋아하는 물고기다. 이곳에서는 금방 배가 고파진다. 허겁지겁 물고기를 한 입 가득 베어 먹고 나면 해먹에 누워 나도 모르게 잠이 든다.

시간이 얼마나 흘렀을까? 눈을 뜨자 수많은 눈동자들이 숨을 죽인 채 나를 쳐다보고 있었다. 스무 명은 족히 되어 보이는 아이들이었다. 하지만 가까이 다가오지는 않았다. 손짓을 하자 아이들이 "와~" 하고 몰려들었지만 안타깝게도 말이 통하지 않았다. 라오니가 일본에 왔을 때 종이와 연필로 의사소통을 했던 기억이 나서 종이에 그림을 그렸다. 정글에 있는 동물들을 종이 한쪽에 그리자 아이들이 한목소리로 꾸이꾸이 말로 대답해 주었다. 내가 일본말로

해 주자 다들 큰소리로 깔깔거리며 웃었다. 일본에 살았을 때 난 아이들을 그다지 좋아하는 편이 아니라서 귀엽다는 생각을 해 본 적이 없었는데, 인디오 아이들과 만나면서 처음으로 '애들이 참 예쁘다'는 생각을 했다. 원래 사람이란 그런 것이다. 어른들이 이상하게 색안경을 끼고 이러니 저러니 정해 버리면 스트레스 때문에 아이들의 개성이 비명을 지르며 반발하거나 날카롭게 변해 버린다.

인디오 어머니는 아이들을 엄하게 꾸짖었다. 어른들은 자연 속에서 살아가는 지혜를 몸소 가르친다. 그리고 마을 전체가 정말이지, 내 아이와 남의 아이를 구별하지 않고 키워 낸다. 아이들의 세계도 나름 질서가 서 있어서 나이 많은 아이가 나이 어린 아이들을 돌봐 준다. 또 마을에는 노인도 있고, 장애를 가진 아이들도 있지만 전혀 차별하지 않는다. 오히려 노인과 그 아이들이 무엇을 할 수 있는지 찾아내어 그 재능을 살려 준다. 예를 들어 남들보다 바구니를 더 잘 만들면 마을의 바구니를 담당하게 만드는 역할을 준다. 다른 사람들과 비교하지 않고 개성을 살리는 교육을 당연하게 받아들이는 원주민들의 의사소통 시스템은 참으로 감탄스러웠다.

꾸이꾸이 마을에서 보내는 첫 번째 밤이 되었다. 해가 지자 하늘 가득히 별들이 빛났다. 하늘에 하얀 띠 같은 강물이 보였다. 아! 은하수다! 하늘에 구멍을 내어 그 틈 사이로 빛을 쏟아내는 별들. 정글 바로 위에 보석을 박아 놓은 것처럼 반짝반짝 빛나고, 몇 초 후에는 유성이 긴 꼬리를 그으며 떨어졌다. 바라보고 또 바라보아도 질리지가 않았다. 이곳에서는 태어나서 처음으로 경험하는 것투성이다. 브라질리아에서 브라질 지부 운영진이 내게 했던 말이 기억났다.

"싱구 강에는 처음 가나요? 아마 절대로 잊지 못할 여행이 될 거예요."

한참 동안 그렇게 밤하늘을 넋을 놓고 바라보다가 출출해져 따바따에게 물었다.

"밤참 있어요?"

"오늘은 없어!"

"왜요?"

"물고기 잡으러 가기 귀찮으니까!"

"진짜? 어떻게 그럴 수가 있지?"

말해 놓고 나니 더는 할 말이 떠오르지 않았다. 따바따의 그러한 행동을 두 명의 부인을 포함한 가족 중 누구 하나 불평하지 않고 개인의 자유의지로 존중해 주었다. 마음이 내키지 않으면 할 필요가 없는 것이다. 식사 준비는 어머니나 집 안에 있는 여자들이 맡아서 하는데, 흙으로 구운 커다란 접시 모양 그릇 위에 만디오까 고구마를 올려놓고 굽는다. 만디오까 고구마는 축축하고 뜨거울 때는 솜사탕처럼 부드럽지만, 식으면 바삭바삭한 전병처럼 변한다. 약간 시큼한 맛이 있어서 생선과도 잘 어울린다. 잘 구운 만디오까는 집 한가운데 두었다가 생선이 있을 때는 배고픈 사람이 구워서 각자 마음에 드는 장소에서 먹는다. 사람마다 바이오리듬이 다르니, 먹는 것 역시 자유의지대로 움직인다. 그만큼 지극히 단순한 삶을 살아간다.

때마침 우리들도 배가 고파 일본에서 비상용으로 가지고 온 쌀로 밥을 지어 먹기로 했다. 밤도 깊고 너무 어두워서 잘 몰랐는데 언제 어떻게 알고 모였는지 서른 명 가까운 마을 사람들이 이쪽을 가만히 바라보고 있었다. 할 수 없이 주먹밥을 만들어 하나 둘 나누어 주다 보니 정작 우리들이 먹을 게 없어졌다. 앞으로 어떤 여행이 전개될지 불안한 마음이 들기도 했지만, 해먹에 몸을 맡기고 있는 사이에 다시 달콤한 잠에 빠져 들었다.

갑자기 몇십 명의 남자들이 큰소리를 지르는 바람에 놀라 잠에서 깼다. 시계가 없어서 시간을 알 수 없었지만 아직 한밤중이다. 셀 수 없을 만큼 여러 번 싱구 강을 방문한 빠울로에게, 어둠 속에서 부들부들 떨면서 물어봤다.

"도대체 무슨 일이예요? 무슨 일이 일어난 거죠?"

꾸이꾸이 사람에게는 정말 미안한 이야기지만, 처음에는 '어쩌면 잡아먹힐지도 모른다'고 생각했다. 치외법권지역이니, 무슨 일이 일어난다고 해도 이상할 게 없다. 하물며 이들의 생활양식은 일본의 석기시대에 가깝다. 이때만 해도 아직 인디오들에게 마음을 열지 않은 상태였던 것이다.

"표범이랑 원숭이에 대한 춤과 노래야. 밖에 나가면 안돼. 이럴 때 잘못 나갔다가는 여자들이 강간을 당해도 아무 말 못 해. 집 안에서 노래만 듣는다면 별 일 없을거야."

"무슨 일인지 잘 모르겠지만, 이번 시찰 팀의 책임자는나니까, 당신은 나한테 설명해 줄 의무가 있어요."

머리가 거의 돌아 버릴 지경이라 도대체 내가 무슨 말을하는지도 잘 모르겠다. 빠울로가 해먹에서 일어나 설명을하기 시작했다.

"이것은 꾸이꾸이 족의 전설인데, 옛날에 표범의 눈을원숭이가 훔쳐 갔어. 눈이 보이지 않게 된 표범이 원숭이에게서 자신의 눈을 되찾는다는 노래와 춤이야. 표범그룹인 남자 집단과, 원숭이 집단인 남자 집단이 서로상대방의 집을 한 곳씩 돌며 노래하고 춤추다가 마지막에는 괴성을 지르지. 남자는 참가해도 좋지만 여자는 안 돼. 알았지!"

그렇게 말하고는 밖으로 나가 버렸다. 남자들은 거친 호흡으로 신음하듯 노래하며, 땅을 쿵쿵 울리면서 춤을 추었다. 춤과 노래는 아침까지 이어져 한숨도 자지 못했다. 갑작스러운 일에 너무 놀라 간이 콩알만 해졌다.

다음 날, 내가 메모를 하고 있는데 열 명쯤 되는 젊은이들이 다가왔다. 자기들도 무언가 쓰고 싶어하는 것 같았다. 종이와 크레용을 건네주자 모두들 앉아서 그림을 그리기 시작했다. 그중 '까마라'라는 청년의 그림 솜씨가 빼어났다. 까마라는 메이나꾸 족 출신인데, 꾸이꾸이 족에 데릴사위로 들어와 있었다. 이로부터 3년이 지난 뒤 우리 단체는 '아마존의 메시지'라는 행사를 열면서 까마라를 초청하게 된다. 까마라가 그린 그림은 이상했다. 내가 물었다.

"이게 뭐야?"

까마라가 대답했다.

"유에꾸추마!"

순간 주변이 소란스러워지면서 모두들 큰소리로 떠들기 시작했다. 도대체 무슨 일일까? 모든 것이 당황스러웠다. 까마라가 그린 그림은 정령처럼 보였다. 손이 두 개, 발이 두 개인 인형처럼 보이는 유에꾸추마는 귀에 귀걸이를 하고 있다. 빠울로의 설명에 따르면 유에꾸추마는 악마의 정령이란다. 사람들에게 두려움의 대상으로 숭상받고 있는 것이다. 아이들이 장난을 칠 때 부모들이 "유에꾸추마가 온다"고 말하면 백이면 백, 얌전해진다. 부모에게서 자녀에게 구전되지만 실체는 없고 어디까지나 이미지만 존재할 뿐이다. 그러니 각자가 생각하는 유에꾸추마가 다를 수밖에 없다. 사람들에 따라 손이 열 개가 되기도 하고, 동물의 얼굴을 하고 있기도 한다. 그때까지는 다양한 모습을 가지고 있는 유에꾸추마를 그릴 기회가 없었기 때문에 이번 일로 큰 소동이 일어나고 만 것이다. 어찌어찌해서 곧 정리가 되었지만 모두들 개운한 얼굴은 아니었다.

저녁이 되자 이번에는 여자아이들이 함께 놀자고 왔다. 두 패로 나누어 몇 명이 한 줄로 손을 잡고, 서로 마주 보고 다가가면서 노래한다. 내가 어릴 때 하고 놀았던, "우리집에 왜 왔니 왜 왔니? 꽃 찾으러 왔단다 왔단다 왔단다"와 상당히 비슷했다. 마치 어릴 적 불렀던 동요 같아서 아련한 그리움마저 느껴졌다. 아이들한테 가르쳐 달라고 해서 필사적으로 배웠다.

"이낙주꾸주, 이낙주꾸주, 까이뻐라뻬, 이낙주꾸주……"

마을 아이들과 손을 잡고 큰소리로 노래 부르는 내 모습을 보고 마을 사람들이 쿡쿡 웃었다. 그날 내용도 모르고 따라 불렀던 노래가 봄에 관한 노래였다는 것은 나중에야 알았다.

축복받은 성생활

싱구 강 사람들은 성性에 대해 굉장히 느긋하고 대범하다. 이제는 여유가 생겼지만 처음에는 각 마을을 방문하여 방문 의식을 치를 때마다 얼굴을 들지 못했다. 대부분의 사람들이 하나같이 벌거숭이인데다가, 입었다고 해야 고작 허리에 가는 띠 하나 둘렀을 뿐이다. 특히 '남자의 집'에서 사방을 통나무로 만든 긴 의자에 몇십 명이나 되는 남자들이 장승처럼 떡 하니 버티고 앉아서는 나를 한가운데 앉히는데, 고개를 똑바로 들면 남자들의 성기가 바로 눈앞에 들어왔다. 통상 '남자의 집'에는 여자들의 출입을 금하고 있지만 나는 사업을 지원하러 간 특별한 사람이라는 이유로 이 집에 들어갈 수 있는 허락을 받았다. 하지만 꽤 오랫동안 내가 여성이라는 사실을 알아차리지 못한 사람들도 있었던 것 같다.

벌거숭이뿐이라면 그건 그것대로 괜찮았겠지만, 이곳 사람들은 남녀노소 불문하고 모두 머리카락만 빼고는 몸에 있는 털을 전부 깎거나 뽑았다는 것이 또 당황스러웠다. 위생과 벌레 퇴치를 위해서다. 이렇게 한 번에, 그것도 몇십 명이나 되는 남녀의 상징물을 본 적이 없다 보니 처음에는 눈을 어디에 두어야 할지 난감했다. 털까지 없어서 있는 그대로 확실하게 보였다. 입으로는 꽤나 심각한 이야기를 하면서도 정작 본인은 무의식중에 자신의 성기를 긁고 있는 모습을 보면 불쑥불쑥 터져 나오는 웃음을 참을 수가 없다. 이런 귀중품 전시회는 선진국에서는 죽었다 깨어나도 볼 수 없을 것이다. 그래도 최근에는 여유가 생겨서 이 귀중품 임자는 누구누구라고 제법 구분까지 하게 될 만큼 담담해졌다. 일본에서도 남자들이 중요한 안건에 대해 이야기할 때 모두가 홀라당 벗고 한다면 상당히 깊이 있는 내용까지 말할 수 있지 않을까 하는 생각이 문득 떠올라 상상만으로 즐거워졌다.

당연히 여자들의 옷도 가는 띠 하나다. 앞부분에 작은 조개껍데기가 달려 있을 때는 '진입 금지'라는 뜻이란다. 조개껍데기를 미망인이 상중이거나 아이를 낳은 직후에 사용하는 장식품이지만, '마음에 드시면 언제든지……'라는 뜻도 가지고 있다고 한다. 나도 20년만 젊었다면 이런 장식을 당당하게 차려입고 주저 없이 의식에 참가했겠지만, 아쉽게도 이미 때가 늦었다. 단순한 의문이겠지만 감추면 보고 싶은 게 세상의 이치. 언제 섹스가 하고 싶어지는지 장로에게 물었다.

"매일매일. 몸에 굉장히 좋거든. 하루에 세 번은 해."

이 대답을 듣고, 나는 그만 놀라 자빠지고 말았다. 장로의 나이가 이미 일흔 살에 가까웠기 때문이다. 나는 또 물었다.

"어디에서?"

"정글이나 배 안에서. 그리고 해먹에서도 해."

"해먹이라고? 믿을 수가 없네. 혼자 자기도 힘들 만큼 불안한데, 완전 곡예네."

"한번 해 볼래?"

장로가 놀렸다. 부인에게 다시 한번 물어보았다.

"건강에 굉장히 좋아."

라며 똑같은 대답을 해 주었다. 시간을 물어보자, 한 번에 5분 정도쯤 된다고 했다. 자손을 늘려야 되기 때문에 원주민에게 섹스는 쾌락이라기보다는 생식을 위한 자연스러운 행위일 뿐이다. 사람들 앞에서는 안 하지만, 그렇다고 부끄러운 짓이라고 여기지도 않는다. 지극히 자연스럽고 당연한 생리적인 행위로 여길 뿐, 시각에 우롱당하는 그런 것이 아니다.

그건 그렇다 치고, 참으로 건강하지 않은가. 장로인데도 부인을 세 명이나 거느리고 있으니 말이다. 게다가 일흔 살이나 먹은 노인이다. 평등이 그들의 신조이다 보니 장로는 하루에 아홉 번의 의무를 다해야 한다. 나름대로 보약을 먹고 있다고는 하지만 상당히 바쁠 것이다. 환경 호르몬의 영향으로 무정자증 젊은이들과 섹스 없는 부부가 늘어나고 있는 우리 사회에서는 참으로 부러운 풍경이 아닐수 없다.

가끔씩 사람들이 "인디오들은 명이 짧죠?" 하고 묻는다. 아니, 그렇지 않다. 유아사망률이 높기 때문에, 평균수명은 짧을지 몰라도 백 살 노인도 만만찮게 많다. 일반적인 브라질 사람들조차 평균수명이 65세다. 여성들의 경우 빠르면 열네 살에 아이를 낳는 경우도 있지만 보통은 열일곱 살 정도에 결혼해서 최소 네 명의 자식을 낳는다. 한 가지 신기한 것은, 지금까지 열 번 넘게 이 지역을 방문하는 동안 외부에서 들어온 전염병 말고는 나이 든 사람들 가운데 병들어 누워 지내거나 거동을 못 하는 사람을 본 적이 없다는 사실이다. 백발이나 대머리도 전무하다. 스트레스 없는 축복받은 환경에서 살기 때문이기도 하겠지만, 그것보다는 한 사람 한 사람이 지금 이 순간을 만끽하며 살아가기 때문일 것이다.

부족에 따라서는 언어에 현재형만 있고 과거나 미래형이 없는 곳도 있다. 그렇다면 더욱더 '지금 여기'가 중요해진다. 4천 년 전도, 1년 후도 전부 '현재'에 들어가기 때문에 시간의 축이 선이 아니라 오직 한 점에 응축되어 있다는 이야기가 된다. 나이도 세지 않기 때문에 언제나 젊다. 신화나 전설은 옛날 이야기가 아니라 부락에서 현재 살아 숨쉬며, 정령들은 인디오와 함께 살아가고 있다.

싱구 지역에는 문자가 존재하지 않기 때문에 자신들의 독자적인 전통문화를 글로 남기지 않고 입으로 전한다. 그 역할을 맡은 사람이 노인들이다. 노인들은 아이들을 모아 우주 삼라만상의 모든 진리를 전한다. 또 현실적으로는 사냥이나 물고기 잡는 법, 약초 사용법, 활과 화살 만드는 법, 그 모든 것을 노인에게 배우기 때문에 인디오 세계의 노인은 죽을 때까지 자신들의 자리를 확실하게 가지고 있다. 삶을 마지막 한순간까지 누리기 때문에 아침까지 멀쩡했던 사람이 점심에 훌쩍 저세상으로 가는 일은 흔한 일이다. 참으로 축복받은 인생 아닌가.

문명이 가져다준 질병들

꾸이꾸이 족 부락에서 지낸 인간다운 삶을 뒤로 하고 다음 목적지인 레오날드Leonard 지구로 향했다. 이 땅은 싱구 강 지역에 공헌한 빌라스 보아스 형제 세 명 가운데 한 명인 레오날드가 죽은 뒤에 이런 이름을 갖게 됐다. 지구의 책임자인 이아라뿌찌 족 사람인 삐라꾸마를 만났다. 웃지도 않고, 뭐 하러 왔느냐는 퉁명스러운 얼굴로 나를 대했다. 이곳을 찾은 일본인은 우리가 처음이지만, 우리보다 자주 오는 유럽인들 때문인 듯했다. 유럽인들은 경비행기와 배, 엔진을 주겠다는 사탕발림을 늘어놓고는 아무도 약속은 지키지 않으면서 저희들 필요한 것만 요구했다. 우리 역시 그 백인들과 똑같은 거짓말쟁이라고 생각하는 모양이었다. 의연한 태도로 삐라꾸마에게 말했다.

"저희들은 일본의 시민 단체에서 일하는 사람들이에요. 먼저 여러분의 마을을 보여 주세요. 그 다음에는 우리가 어떤 도움을 주면 좋을지, 각 부족의 지도자들과 이야기할 수 있게 해 주세요. 도움을 드릴 수 있는 것도 있고, 드리기 힘든 것도 있을 거예요. 가능한지 어떤지를 바로 답하지는 못하겠지만, 성실하게 길을 찾아볼게요."

처음부터 아무 약속도 못 한다고 잘라 말했던 것이 오히려 상대방에게 호감을 주었는지 갑자기 태도가 부드러워졌다. 그러고는 "너희들은 믿을 수 있을 것 같다. 마을을 보여 주겠다"며 레오날드 지구를 안내하기 시작했다. 삐라꾸마는 지금은 〈뿌나이〉의 책임자가 되어 브라질리아에서 일하는데, 그때부터 우리의 소중한 친구가 되었다.

레오날드 지구는 중요한 역할을 하는 곳이다. 긴급할 때

각 마을의 지도자들이 모이는 곳이자, 브라질 정부의 고위 관료들이 찾아오는 곳이다. 콘크리트 건물이 몇 채 늘어서 있지만 하나같이 지저분하고 뭔지 모르게 칙칙해서 정글과는 달리 별로 머물고 싶지가 않은 곳이었다. 보건소 역시 그랬다. 짧은 기간 머물고 있는 간호사 이네와 이야기를 나눠 보았다. 이네는 까라자 족의 인디오로 이 일을 하기 위하여 브라질리아에서 지격증을 땄고, 〈뿌나이〉에서 일하게 됐다.

"이 선반을 보세요. 남아 있는 의약품이 하나도 없어요. 이 근처에 사는 5천 명의 목숨을 나 혼자 맡고 있습니다. 이 지역에 의사는 한 명도 없어요. 자와룬 지구에 나 같은 간호사가 한 명 더 있을 뿐입니다. 죽어 가는 사람들에게 우리가 할 수 있는 것은 사랑을 주는 일뿐이에요."

머릿속이 윙윙거렸다. 선반에는 약이라고 부를 만한 것 하나 없고, 의료 장비조차 갖추어져 있지 않았다. 여기가 보건소라고 말해 주지 않는 이상은 알 수 없을 정도다. 이런 광경을 보고 있자니 기가 막혔다. 일본 같았으면 긴급할 때 구급차도 부를 수도 있고 약국으로 뛰어갈 수도 있다. 도쿄에 있는 사무실에서 "지금 아마존에서 많은 사람들이 죽어 가고 있다"며, 아무렇지도 않게 말하던 자신의 모습이 떠올라 부끄러움과 한심함에 마음이 혼란스러워졌다. 이네는 계속 말했다.

"평소에는 외지인들에게 환자를 보여 주지 않습니다. 하지만 당신에게만큼은 현장을 제대로 알려 주고 싶고, 또 실제로 도움을 받고 싶으니 당신과 빠울로, 두 사람만 와 주세요."

그러면서 병자가 누워 있는 건물로 안내해 주었다. 남자 환자 네 명과 여자 환자 두 명이 죽음과 마주하고 있었다. 모두 병약하고 바짝 말라 있었다. 방 한쪽 구석에서는 역한 냄새가 올라오고, 환자들은 별다른 치료도 못 받은 채 방치되어 있었다. 결핵 환자였다. 손을 쓰기에는 이미 늦었다. 말라리아와 결핵은 예전에는 이 지역에 없었던 전염병들로, 모두 외부에서 들어왔다. 상처 때문에 파상풍에 걸려 피부가 부풀어 오른 사람도 있었다. '소독약만 있었다면, 항생제만 있었다면…….' 머릿속에서 수많은 생각이 빙빙 떠올랐지만, 정작 손 안에는 우리가 쓸 소량의 의약품밖에 없었다. '우선은 이것만이라도' 하는 마음에 놓아두고 왔다. 약이 없으니 이제부터는 우리 스스로가 더욱 더 조심하지 않으면 안 된다는 생각에 조심조심 여행했는데, 하늘이 지켜 준 것일까? 다행히 한 사람도 병에 걸리지 않고 무사히 여정을 마칠 수 있었다.

우리가 방에 들어서자 한줄기 빛이라도 찾아내려는 듯,

모두의 시선이 우리를 향했다. 이미 죽음을 각오하고 받아들이고 있는 사람들의 몸을 만져 주면서 우리는 울었다. 그 정도밖에 해 주지 못하는 자신이 분했다. 이네는 이 방을 나서면서 나에게 말했다.

"까마유라 족 청년 가운데 통과의례에 실패한 이가 있어요. 꼭 한번 만나 주세요."

원시의 삶을 살아가는 사람들

싱구 강 상류와 중류 지역에 살고 있는 여덟 개 부족은 의식이 상당히 비슷하다. 부족마다 독자적인 모습을 가지고 있지만 서로 영향을 주고받은 부분도 있다. 서로 금기시하는 날짜가 다르기도 하다. 그중 하나가 통과의례다. 인디오의 성인식은 현대사회에서 치르는 것처럼 만만한 게 아니다. 남자 인디오는 열여섯 살이 되면 주술사가 정해 준 날에 어른이 되기 위한 의식을 엄숙하게 치른다. 부족 사람이 아닌 사람은 들어갈 수 없다. 청년은 주술사가 만든 독을 마신 뒤 두 시간 가까이 해먹에 꼼짝 않고 누워 주술사의 안내로 내면세계로 여행을 다녀온다. 이때 먹는 독은 강한 환각 증세를 불러오는데, 독성이 아주 강한 것도 있어서, 해마다 이 의식으로 한 부락에서 한두 명이 목숨을 잃는다고 한다. 정글이라는 특수한 환경에서 살아가기 위해서는 강해져야만 하기 때문일 것이다.

여자들에게도 통과의례가 있다. 부족의 여자들은 초경을 맞이하면 대부분 1년 정도 혼자 생활해야 한다. 작고 특별하게 만든 집에서 생활하는 경우도 있고, 싱구 강 주변에서 볼 수 있는 집인 말로까의 한구석을 방으로 만든 곳에서 지내기도 한다. 다른 사람이랑 만나는 것도, 말하는 것도 금지된 채 오직 홀로 매일, 매일 밤, 어둠 속에서 자기 자신과 마주해야 한다. 식사는 가족들이 가져다주지만 왔다 가는 모습이 보이지 않도록 살짝 가져다 놓고, 볼일은 구석에서 본다.

생각하는 것만으로도 따분하고 지루해서 머리가 돌아버릴 것 같은 이 의식은, 주술사가 의식이 끝나는 날을 정한 뒤 허락을 해야, 소녀는 처음으로 사람들 앞에 나와 얼굴을 보일 수 있게 된다. 그리고 "난 의식을 무사히 마쳤습니다. 좋은 어머니가 될 수 있어요"라며, 의기양양하게 마을에 있는 모든 집을 일일이 돌아다닌다. 피리를 불면서 앞장선 남자들의 뒤를 따라 춤을 추면서 말이다. 1년 동안 기른 앞머리는 턱까지 내려오고 햇빛을 못 본 피부는 하얗다. 그런 뒤에야 소녀는 결혼할 수 있다. 어머니가 될 수 있을 만큼 강하다는 증명을 했기 때문에 자신 있게 아이를 키울 수가 있다.

남녀 모두 철저하게 자기 자신을 정면으로 바라본다. 이 기간 동안 자신의 내면세계는 물론 눈에 보이지 않는 것들과 이야기를 나누었을 것이다. 두려움도 따를 것이다. 하지만 두려웠던 만큼 이 의식을 완벽하게 해낸 자신감으로 아이의 얼굴은 빛난다. 진정으로 홀로서기를 해낸 존재의 아름다움이다. 이러한 의식 덕분인지는 모르겠지만, 싱구 강에 사는 사람 가운데 자살한 사람은 한 사람도 없다. 자신의 생명을 스스로 끊는다는 개념 자체가 인디오들에게는 없다. 하지만 일본인 가운데 자살하는 사람은 해마다 3만 명이 넘는단다.

레오날드 지구에서 걸어서 30분 정도 되는 곳에 까마유라 족 마을이 있다. 우리는 이네와 함께 이 부락을 방문했다. 이 해, 장로인 따꾸마는 병으로 부인을 잃고 기력이 완전히 쇠해 있었다. 따꾸마는 그해 여든 살이었는데도 머리카락이 검고 몸집이 컸다. 늙었다고는 하지만 여전히 강한 에너지를 내뿜는 싱구 강 최고의 주술사이기도 하다. 따꾸마의 동생이자 주술사를 본업으로 삼고 있는 사빠인이 그자리에 함께했다. 사빠인 앞에 앉은 것만으로 사빠인이 뿜어내는 에너지 때문이 열이 나고 땀이 흘렀던 기억이 지금도 또렷하다.

"자네가 오늘 이곳에 오는 것을 정글의 식물이 알려 주더군. 내 이미 알고 있었네."

사빠인이 꺼낸 첫 마디였다. 사빠인은 정글에 있는 6천 종류의 식물을 구분할 수 있으며, 약초와 대화가 가능하다고 한다. 어느 날 사빠인에게 물어보았다.

"주술사가 되기 위한 수행은 어렵지 않나요?"

"아니, 간단해. 혼자 정글에 들어가 마음을 고요히 하고 앉지. 그러면 식물이 먼저 말을 걸어와. 식물은 사람에게 도움이 되고 싶다고 말하지. 예를 들면 두통을 고치는 약이 필요하다는 생각을 하면, 어떤 풀이 '나를 달여서 드세요'라는 식이야. 그런 식으로 많은 것들을 가르쳐 주거든. 난 그저 그 말대로 할 뿐이야."

사빠인의 이야기를 듣고 느껴지는 바가 있어서 혼자 몇 번인가 정글에 들어가 똑같이 해 보았지만, 아직까지 나에게 말을 걸어 준 식물은 없다.

빠울로가 브라질에 있는 원주민 보호구역에서 약 20년 동안 의사로 일하고 있는 나이스를 브라질리아에서 소개해 주었다. 그때 나이스에게 들은 흥미로운 이야기가 있다. 나이스는 상파울루에 있는 에스꼬라 빠우리스따 의과 대학을 수석으로 졸업한 의사로, 전도유망한 미래가 기다리고 있었다. 그런데도 모든 것을 버리고 인디오를 돕는 의사의 길을 선택했다. 물론 가족들의 반대도 엄청났다. 지금은 브라질 후생성과 〈뿌나이〉의 서양 의료 의사로서 각 부족을 돌아다니며 회진을 하고 있었다. 1990년에 나이스가 이 레오날드 지구에 6개월간 머물렀는데, 아버지가 암에 걸려 상파울루 병상에 누워 있어 걱정하던 참이었다고 한다. 이야기를 들은 사빠인이 나이스에게 말했다.

"오늘 밤, 잠들기 전에 콧구멍과 귓구멍 앞에 이 고구마 즙을 떨어뜨리고 자도록 해. 내가 너와 함께 갈 테니까 아무 걱정 말고."

나이스는 그 말을 그대로 따랐다. 꿈인 듯 생시인 듯 몽롱한 상태에서 정신을 차리자 상파울루에 있는 자신의 집 현관에 서 있더란다. 옆에는 사빠인이 다정하게 웃고 있었다. 문을 열고 들어가자 아버지가 침대에 누워 있는 모습이 보였다. 나이스가 아버지 앞으로 다가가자 "아가, 잘 왔다. 하지만 아직 반 년이나 더 남았어. 그때까지는 안심하고 열심히 일하도록 해."라고 말했다. 그것을 끝으로 더 이상은 기억을 하지 못했다. 다음날 아침 눈을 뜨자마자 밤새 일어난 일에 대해 사빠인에게 이야기하자, "잘됐네"라는 한마디뿐이더란다. 나이스는 기본적으로 논리 중심의 서양의 유물론을 믿기 때문에 그 일이 있은 후 모든 것이 혼란스러웠다고 한다. 뛰어난 외과의사, 실력 있는 외과의

사로 알려진 나이스가 툭, 한마디 내뱉었다.

"인디오를 치료하면서 아무리 애를 써도 원인을 찾아내지 못할 때가 있어. 그럴 때는 늘 주술사의 협조를 구하곤 해. 원주민들의 지혜로 문명인이 도움을 받을 때도 있지. 앞으로는 눈에 보이는 것에만 의지하는 시대가 아닐 것 같은 생각이 들어. 아버지는 당신이 말씀하신 대로 6개월 뒤에 돌아가셨어."

이 정도의 힘을 가진 따꾸마와 사빠인이 이 마을에 있는데, 어째서 통과의례에 실패한 청년을 도울 수가 없는 것일까? 이네가 설명해 주었다.

"같은 마을 사람들은 그 청년에게 도움을 주어서는 안돼. 그 청년은 자신에게 주어진 과제를 해내지 못했으니까. 당신은 이 부락 사람이 아니니까 도울 수 있어."

청년의 집을 방문했다. 청년의 아버지가 "제발 이 아이를 도와달라"며 애원했다. 내가 이 청년을 돕는 일에 실패한다면 두 번 다시 이 마을은 나를 받아들이지 않을 것이다. 그리고 이 사실은 싱구 강 전역에 알려질 것이다. 그렇다고 여기까지 와서 도망갈 수도 없는 노릇이다. 큰일 났다 싶었다. 청년이 마을 사람들의 부축을 받고 들어왔다. 혼자서 앉을 수조차 없을 정도로 힘들어 보였다. 열일곱 살 청년의 상반신은 굉장히 건장한데, 손발은 기묘할 정도로 말라 있었다. 그해 2월경에 의식을 치렀다고 하니, 이래저래 6개월이 다 되어 갔다. 내가 무엇을 할 수 있을까? 하지만 어차피 해야 되는 것이라면 할 수밖에 없지 않은가! 무아의 경지에서 하늘에 빌었다.

"부디 나에게 우주의 힘을 빌려 주세요. 그리고 싱구 강의 정령 여러분, 힘을 빌려 주세요. 내 몸이 잘못된다 해도 전 이미 죽을 각오를 했습니다."

그리고 청년의 등에 내 양손을 조용히 얹었다. 슬프지도 않은데 눈물이 끊임없이 흘러내렸다. 그리고 느꼈다. 청년은 아무 말도 하지 않았지만 실패한 자신을 부끄러워하고 있었다. 하지만 동시에 살고 싶어하는 청년의 간절한 외침이 소리 없이 들려왔다. 그렇게 한참을 울다가 제정신으로 돌아왔다.

먼저 발을 만졌다. 얼음처럼 차가웠다. 무심히 발가락을 주물렀다. 손가락과 발가락의 마디에 독이 쌓여 혈액순환이 안 되고 있었다. 발가락부터 주물러 풀어 주었다. 두 시간 정도 지나자 약하게나마 온기가 전해져 왔다. 됐다! 해냈다! 이어서 손가락도 똑같이 주물러 주었다. 몇 시간이 흘렀는지 기억하지 못하지만 내 몸은 한계에 와 있었다. 마지막으로 고요한 마음으로 청년을 바라보았다. 청년의 등 전체에 희미하게 푸르스름한 막이 보였다. 그 막을 없애지 않으면 청년이 낫지 않을 거라는 생각이 직감적으로 들었다. 하지만 방법을 알 수 없었다. 갑자기 일본의 신사神社에서 기원할 때 손뼉을 치던 생각이 떠올랐다. 혹시 그렇게 하면 되지 않을까? 시험 삼아 손뼉을 치자 막이 삭, 하고 사라졌다. 완전히 사라질 때까지 계속해서 손뼉을 쳤다. 주술사를 비롯하여 몇 명의 인디오들이 신묘한 얼굴로 나를 바라보고 있었다. 이네와 청년의 아버지에게, 날마다 뜨거운 물에 손발을 담그도록 조언해 주었다. 치료가 끝나자 나는 혼자 서 있기도 힘들 지경이 되었다. 그렇게 모든 에너지를 마지막 한 방울까지 사용하고 나니, 이틀 동안 텅 빈 상태가 계속되었다. 다음 해에 이 마을을 방문했을 때, 청년은 완전히 회복되어 아버지와 사냥을 나갔다고 했다. 참으로 기뻤다.

천국을 보기도 하고 지옥을 보기도 하는 여행이 계속되었다. 그 후, 찌까웅 족을 합하여 여섯 부족이 사는 〈뿌나이〉의 지구 네 곳을 더 돌았다. 싱구 강은 나에게 새로움 그 자체였다. 하나부터 열까지 전부 태어나서 처음 하는 경험이었다. 거의 대부분의 마을에서, 우리가 그곳을 처음으로 방문하는 일본인이라고 했다. 책임감이 느껴졌다.

마지막 땅, 삐비 지구에서 자동차로 수십 킬로미터 떨어진 곳에 산호세 드 싱구라는 마을이 있다. 금 채굴 업자가 만든 마을인데, 대낮부터 이권 싸움으로 총격전이 벌어지기 때문에 총소리를 따서 '방기방기'라고 불렀다. 오랜만에 돌아온 문명사회였다. 전기도 있고, 뜨거운 샤워도 할 수 있고, 음료수에 전화까지, 편리한 것들이 모두 갖추어져 있었다. 하지만 돈이 없으면 무엇 하나 손에 넣을 수 없다. 알전구가 빛나는 싸구려 숙소에서 몽유병자처럼 쪼그리고 누웠다. 최근 몇십 일 사이에 일어난 일들이 꿈처럼 느껴졌다. 하지만 현실이다. 꾸이꾸이 족의 봄 노래 '이낙주꾸주'가 저절로 입 밖으로 흘러나왔다. 싱구 강의 세계와 너무 달라서 이쪽 세계에 적응이 안 될 지경이었다.

이 세상에는 두 세계가 함께 존재하고 있다. 두 세계가 너무 달라서 어느 세계가 더 좋고, 더 나쁘다고 말하는 건 어리석게 느껴진다. 하지만 이것만큼은 말할 수 있다. 북반구 선진국들의 풍요로움을 지켜 주기 위해서 희생당하고 있는 사람들이 분명히 존재한다는 사실 말이다. 누가 어떻다고 비판하기 전에, 우리 스스로가 먼저 나서서 작은 움직임이라도 확실히 보여 준다면 어떤 변화라도 이루어 낼 수 있다. 나는 결심했다. 일본으로 돌아가 레오날드 지구에서 본 현실을 언론과 단체 회원들을 대상으로 홍보 자료를 만들고, 긴급 의료 지원 협력을 구하겠다고. 그리고 올해 안에 반드시 약을 전하러 돌아오겠다고. 나는 화폐경제 사회에서 태어나고 자랐고, 그 은혜도 입은 사람이다. 이번에 라오니가 내게 이런 말을 해 주었다.

"겐코의 역할은, 자연 속에서 조화롭게 살아가고 있는 인디오들의 삶을 문명사회에 전달하는 일이야. 그 교두보가 되거라."

귀국 후, 많은 사람들의 도움으로 약 2백만 엔 가까운 의약품 구입 기금을 모았다. 그리고 그 돈으로 약을 사서 같은 해 11월, 함께 동행했던 사람들과 함께 다시 싱구 강을 방문했다.

마트그로수 주에서 파라 주에 걸쳐 흐르는 아마존 강 지류에
있는 싱구 강, 폭이 약 2백 미터 정도나 된다.

싱구 강에서 4킬로미터 앞에 있는 꾸이꾸이 족 마을에 갈 때 지나게 되는 늪. 무거운 물건을 짊어지고 2백 미터나 되는 이 통나무 위를 걸어가야만 부락에 갈 수가 있다. 가끔씩 미끄러진다.

싱구 강 상류 지역에 있는 이아라뿌찌 부락. 싱구 강의 독특한 집인 말로까가 빙 둘러싸 마을을 이룬다. 부락은 직경 2백 미터 정도다.

1년간 여성의 통과의례를 무사히 마치고, 집집마다 도는 여성들. 열두 살에서 열다섯 살 정도다. 1년 동안 집에 들어앉아 있었기 때문에 피부가 하얗고, 머리카락은 턱까지 자라 있다.

까마유라 족 장로 따꾸마와 이야기하고 있는 빠울로와 저자.

만디오까 고구마 껍질을 까고 있는 메이나꾸 족 여성(까마라의
어머니).

만디오까 고구마를 굽고 있는 장면. 커다란 와플처럼 약 2분
정도 굽는다. 만디오까는 이 지역의 주식이다. 먼저 껍질을 까
서 갈고, 물로 떫은 맛을 우려낸 뒤 잘 말려서 가루로 만들어
구워 먹는다.

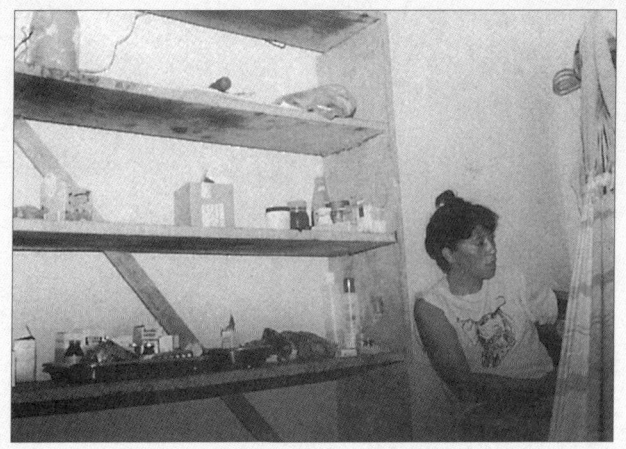

1992년, 처음으로 싱구 강을 방문했을 때. 레오날드 지구에 있는 보건소에 근무하는 이네를 만났다. 아무것도 없는 약품 선반.

같은 보건소의 진료실.

제 7 장

우기의 아마존에서 길을 잃다

밀려드는 화폐경제

1992년 11월 20일, 브라질리아 공항에서 소형 경비행기로 갈아타고 마트그로수 주 동쪽에 있는 상삐릭스 드 알라구아이에 있는 작은 공항으로 향했다. 지난 6월에 갔던 여정과는 반대로, 이번에는 하류에서 상류로 거슬러 올라가기로 했다.

이렇게 서둘러 돌아온 것은 그해 6월, 처음으로 싱구 지역을 방문했을 때 의약품 부족으로 목숨을 잃어 가는 사람들을 눈앞에 보면서도 아무것도 해 줄 수 없었던 무력감에 대한 반성이기도 하고, 각 부락 사람들에게 "반드시 올해 안에 약을 보내 주겠다"며 기약도 없는 말을 불쑥 입 밖으로 내뱉어 버린 것에 대한 책임이기도 했으며, 약속을 한 이상 반드시 지켜야 된다는 생각 때문이기도 했다. 이 약속을 지키지 못한다면 나도 백인들과 똑같아지고 만다. 이네에게 이 지역에 꼭 필요한 최소한의 의약품 목록을 작성해 달라고 의뢰한 후, 우리가 다시 싱구 지역을 방문하기 직전에 빠울로에게 부탁해 구입한 물건들을 급히 네 곳의 지구로 각각 운송해 두었다. 의약품을 사는 데 힘을 보탠 일본 사람들에게 의약품이 제대로 잘 도착해 쓰이고 있는지를 확인시켜 줄 책임이, 나에게는 있었다. 처음 RFJ에 의약품 지원 기금을 만들어 보려 한다고 했을 때 이런 질문을 한 사람들이 있었다.

"인디오들은 원래 밀림에 있는 식물로 치료하는 게 좋을 텐데, 외부에서 반입한 서양 의약품으로 치료하다가 부작용이 생기거나 다른 문제가 생기면 당신이 책임질 수 있나요?"

안타깝지만, 단 일 초의 여유도 없이 급박하게 돌아가는 정글에서는 그런 생각은 떠오를 틈이 없다. 하지만 막상 그런 말을 들으면 살짝 마음에 걸리는 것도 사실이다. 현장에서 이네에게 이 말을 전하자, 평소에는 이지적인 미인이던 이네답지 않게 굳은 표정으로 말했다.

"밀림이건 대도시건, 사람이 죽어 간다는 사실에는 변함이 없어요. 그들은 살고 싶어합니다. 백인들이 가져온 병 때문에 인디오들이 죽는 거예요. 인디오들은 현명하기 때문에 언젠가는 스스로의 힘으로 고칠 수 있겠지만,

지금은 그 방법을 모르기 때문에 도와야 해요."

이네에게 그 말을 들은 지 6개월 후, 나는 또 다시 이렇게 싱구에 들어가려 하고 있다. 처음으로 경험하는 우기의 밀림이다. 주로 변경 지역을 탐험하는 브라질 사람이 깜짝 놀라며 말했다.

"뭐라고? 우기에 아마존엘 들어간다고? 정말 용기 있는데!"

어쩌다 보니 여기까지 왔다.

모든 일에 빛과 그림자가 존재하는 것처럼, 아마존에도 건기와 우기가 있다. 환자나 다소 칙칙한 일상을 제외한다면 기본적으로 건기는 빛에 해당된다. 건기의 싱구 지역에는 축제가 많았다. 아마존의 수위가 낮은데도 물고기는 풍부했고, 사람들은 밝고 명랑했다. 이번에는 어떨까?

지난번 멤버와 함께, 모델 클럽에서 매니저 일을 하고 있는 조카 반도 유키가 합류했다. 유키는 내가 처음 이 이 단체를 만들어야 하나 말아야 하나 고민할 때 "나도 도울 테니까 한번 해 봐요!"라며 용기를 주었다. 내가 이 일을 시작할 수 있게 해 주었고, 계기가 되어 준 사람이다.

상뻬릭스 드 알라구아이에서 경비행기를 빌려 자와룬 지구로 향했다. '자와룬'은 인디오 말로 '검은 표범'을 뜻한다. 옛날에는 검은 표범이 꽤 많이 살았지만 지금은 거의 멸종 상태다. 싱구에서 점박이 무늬 표범과 만난 적은 있지만, 아직까지 검은 표범과 마주친 적은 없다.

자와룬 지구의 책임자인 마이웨와 만났다. 마이웨는 언뜻 보기에는 일본의 조폭처럼 날카로운 눈매를 가진 남자다. 40여 년 전 빌라스 보아스 형제가 이 땅에 처음으로 발을 디뎠을 때, 수많은 인디언 가운데에서도 다섯 살 정도된 남자아이 둘이 유달리 눈에 띄었다. 형제는 직감적으로 이 아이들이 장차 이 지역을 이끌고 나갈 지도자가 될 거라는 것을 알았고, 그렇게 자라난 아이들이 까야비 족 마이웨와 까야뽀 족 메가롱이었다. 대부분의 인디언들은 지도자이건 보통 사람이건 간에 자기 주장은 잘하면서 남의 말은 거의 듣지 않는다. 하지만 이 두 사람은 달랐다. 차분하게 상대의 이야기를 듣고 요점만 정확하게 지적하며 쓸데없는 말은 하지 않는다. 그리고 남 이야기도 하지 않는다. 밀림에 가까워지면서 마이웨와 이야기를 시작했다.

"앞으로 몇 년 안에 싱구 지역에도 틀림없이 화폐경제의 소용돌이가 밀려들 것입니다. 예전에는 인디언들끼리 서로 싸웠지만 이제부터는 다른 부족과 협력하며 살아남아야 됩니다. 게다가 지금 싱구 강 상류 지역과 중류 지역에 걸친 약 열 개 부족 이상의 장로와 지도자들이 공동체 조직의 필요성에 대해 말하고 있습니다. 외부에서 들어온 문제들에 대해 각 부족이 각자 대응할 것이 아니라 공동체 조직을 통해 해결해 나가자는 것입니다. 이름도 '아틱스'로 정했습니다. 외부에 있는 백인 사회에 대해서도 그편이 효과적입니다. 언론도 움직일 테니까요. 지금은 준비 기간입니다. 4년 후에 가동되면 그때 지원해 주세요. 그전까지는 각 부족의 요청 사항을 듣고 당신이 할 수 있는 것들은 도와주세요."

듣고 보니 상당히 납득이 가는 내용이다. 까야비 족은 옛날에는 싱구에서 서쪽으로 수백 킬로미터 떨어진 곳에 살고 있었지만 브라질 정부가 이들을 이 지역으로 강제 이주시켰다. 언젠가는 원래 살던 곳으로 돌아갈 것이라 꿈꾸지만 그곳은 이미 목장 조성지로 변해 버렸다. 싱구 주변에 사는 수많은 부족들이 다른 땅에서 이곳으로 강제로 이주당했다. 이들은 포르투갈 사람들이 들어오기 전에는 자유롭게 이동하며 살았다 대부분의 인디언들은 대서양 해안에 있는 비옥한 토지에 낙원을 만들었다. 하지만 백인 침입자들의 살육에서 도망치려면 낙원을 떠나 중앙부에 있는 밀림 지대로 숨어들 수밖에 없었다.

똥 누는 자유

마이웨와 이야기를 끝내고 밖으로 나가자 여자 인디언

몇 명이서 무언가를 굽고 있었다. 삐끼(piki, 다 자라면 주먹 두 개를 합친 만큼 큰 열매가 9월에서 10월쯤 열린다. '우루꿍'이라는 붉은색 염료를 만드는 재료기도 하다.) 열매다. 건기에 수확해 두었다가 우기에 들어서면서 식량이 부족해지면 이것이 먹을거리가 된다. 탁구공만 한 크기의 삐끼에서는 우엉과 밤을 섞어 놓은 듯한 맛이 난다. 밥에 넣어 먹어도 굉장히 맛있어서 눈 깜짝할 사이에 밥그릇을 비우게 된다.

오늘 밤은 아무도 살지 않는 인디언의 작은 집에서 머물기로 하였다. 다섯 명분의 해먹을 치고 누웠다. 그런데 이상할 정도로 가려워서 발밑을 보았다. 분명히 흰 양말을 신고 있었는데 까만 깨를 뿌려 놓은 것처럼 양말이 까맣다. 자세히 살펴보니 벼룩처럼 생긴 작은 벌레들이 새까맣게 달라붙어 있었다. 그날 밤은 밤새도록 여기저기에서 몸을 긁는 소리가 들려왔다. 우기의 정글. 잘못했다가는 목숨까지 위태로운 곳이다.

밤에 화장실에 가기 위해 밖으로 나갔다. 비는 오지 않았지만 팔락팔락 낙엽 같은 것이 눈앞으로 떨어졌다. 가만히 살펴보다가 '뭐야, 나뭇잎이잖아' 생각한 순간 그것이 꿈틀거렸다. 나뭇잎이라고 생각한 그것은 놀랍게도 애들 손바닥 크기만 한 바퀴벌레였다. 색깔이며, 생긴 모양이며, 일본 여느 집에서나 살고 있는, 바로 그 거무스름한 바퀴벌레였다. 바퀴벌레를 뒤집어서 배 쪽을 자세히 관찰해 보았다. 크기만 컸지, 동작은 둔했다. 낮에는 20센티미터나 되는 메뚜기도 보았다. 생김새는 일본 메뚜기와 똑같이 생겼지만 하나같이 놀라울 정도로 커다랬다. 마치 내가 이상한 나라의 엘리스가 된 기분이었다. 벌레를 무서워하는 사람은 절대로 아마존에 들어오지 못한다. 아마존에서는 싫고 좋고 따질 수가 없다. 벌레들이 사는 곳으로 우리가 일부러 들어가는 것이니 벌레들의 상황에 자신을 맞출 수밖에 없다.

아마존에서는 화장실 문제도 골칫거리 중 하나다. 한마디로 숲 속에서 똥 못 싸는 사람들은 절대로 정글 생활을 할 수 없다. 특히 정글에서는 등 뒤에서 언제 무엇이 달려들지 모르기 때문에, 뒤통수에도 눈이 달려 있을 정도로 간각이 꿈틀꿈틀 살아 있어야 된다. 낮에는 주로 마을 바깥 숲으로 들어가 볼일을 본다.

언제쯤인지는 잊어버렸지만, 어느 날 볼일을 보려고 숲에서 대충 자리를 잡고 앉았을 때 생긴 일이다. 한창 볼일을 보고 있는데, 갑자기 1미터도 안 되는 거리에서 뱀 한 마리가 지나가는 것이 아닌가! 너무 놀라 꼼짝도 하지 못했다. 그리고 나도 모르게, "전 나쁜 사람이 아닙니다. 전 인디언을 도우러 온……"이라며 진지하게 뱀에게 말을 걸고 말았다. 그렇게 큰 뱀도 아니었고, 다행히 무사히 지나갔다. 나중에 인디언들에게 아무 생각 없이 이야기했더니 인디언들이 몸서리를 쳤다. "그 뱀은 맹독을 가진 '자라라까'라는 뱀인데, 한번 물리면 살아서 지옥을 맛보다가 몇 분 안에 숨이 끊어진다오." 지금도 나는 그 당시 뱀이 내 말을 알아듣고 그냥 지나친 것이라 굳게 믿고 있다.

주루나 족 마을에 갔을 때는 이런 일도 있었다. 역시 볼일이 급해 숲으로 들어가 마을이 보이는 방향으로 자리를 잡았다. 내가 이렇게 앉은 이유는 한창 일을 보다가 혹시 사람이 다가오면 미리 알아차리기 위해서다. 마을 쪽에서 사람이 다가오는지 아닌지 알아야 마음을 놓고 볼일을 볼수 있기 때문이다. 그렇게 막 배에 힘을 주려는데, 갑자기 누군가 뒤에서 어깨를 톡톡 쳤다. 심장이 멎는 줄 알았다. 깜짝 놀라 돌아보니, 사냥 나갔다가 돌아오는 인디오 아저씨들이었다. 발소리 하나 내지 않는 사람들이라 내가 미처 알아차리지 못했던 것이다. 완전히 체면이 구겨졌다. 이러지도 저러지도 못한 채 민망해서 씩 웃었더니 아저씨들은, "괜찮아. 괜찮아. 천천히 일 봐." 하고는 성큼성큼 마을로 걸어갔다. 그 이후 사람들에게 똥 싸는 모습을 들켜도 아무렇지 않게 됐다. 똥 누는 기쁨을 알게 된 것이다. RFJ 스템들과는 안전을 고려해 똥이나 오줌을 누러 갈 때 같이 다니기도 한다.

밤에는 야행성 동물들과 부딪히지 않도록, 원형으로 만들어진 부락 안에 있는 광장에서 볼일을 본다. 밤하늘을 올려다보면서 똥 싸는 느낌은 정말 각별하다. 하루는 고무 샌들을 신고서 한밤중에 광장에 쪼그려 앉았다. 그날도 여느 때와 다름없이 밤하늘을 올려다보느라 땅에는 전혀 신경을 쓰지 못했는데, 갑자기 섬뜩한 느낌이 들었다. 가만히 바라보니 50센티미터 정도 앞에 북해도에서나 볼 수 있음직한 큼직한 털게가 기어가고 있는 게 아닌가! 하지만 그 생각도 잠시, 털게라고 생각한 물체는 놀랍게도 직경 15센티나 되는 새까만 타란툴라(Tarantula, 독거미)였다. 잘못해서 밟기라도 하는 날에는 저세상으로 가는 것은 순간이다.

어쨌든 정글에서 볼일을 볼 때는 이런저런 상황을 고려해 짧고, 굵게 해결해야 된다. 덕택에 나는 종이가 필요없을 만큼 깔끔하게 떨어지는 탐스러운 똥을 누게 되었을 뿐만 아니라 건강 상태까지 알 수 있게 되었으니 대만족이다. 현지에 사는 인디언들은 주로 물가 가까운 곳에서 일을 보는 경우가 많은데, 종이가 없기 때문에 볼일을 보고 나서 나뭇잎이나 강물로 닦아 주기 위해서다.

여성들이 달거리가 왔을 때는 며칠 동안 집안 한쪽 구석에 가만히 앉아 있다가 날이 저물면 가족들이 준비해 준 물에 몸을 씻는다. 특히 이 기간 중에는 강에서 떡 감는 일도 피해야 된다.

오랫동안 지붕 없는 곳에서 볼일을 봤더니 도시 화장실이 말할 수 없이 답답하게 느껴졌다. 긴장감도 없고. 다시 익숙해지는 데는 꽤 시간이 걸렸다.

가끔 사람들에게 이런 질문을 받는다.

"아마존에 갈 때 예방주사를 몇 종류나 맞나요?"

"하나도 안 맞아요. 그냥 정글에 들어갈 때 숲의 신들에게 병에 걸리지 않게 해 달라고 기도만 하면 끝이에요."

이렇게 대답하면 대부분의 사람들은 질린 표정이 되어 더 이상 이 문제에 대해 언급하지 않는다. 잘난 척하기는 그렇지만, 요행인지 다행인지 지금까지는 한 번도 건강을 해친 적은 없었다. 아마존이 워낙 특수한 지역이다 보니 영적인 체험을 하는 일이 많은데, 이는 병과는 다르다. 오히려 잘 먹고, 잘 싸고, 잘 자고, 몸 상태도 일본에 있을 때보다 몇 배 더 건강하다. 나뿐만 아니라 우리 운영진들도, 감기나 약한 설사병에 걸린 것 말고는 아직까지 아픈 사람은 없었다. 어쩌면 여성들이 신경도 둔하고 몸도 튼튼한데다 환경에 순응하는 힘을 갖추고 있기 때문인지도 모른다.

다른 생명을 먹는다는 것

다음날 아침, 자와룬 지구에서 배로 30분 정도 들어가는 까야비 족 부락인 까빠바라 마을에 들어가기로 했다. 이 마을은 나도 처음 가 보는 곳이다. 이 마을의 지도자인 까니즈오가 자와룬까지 마중을 나와 주었다. 까니즈오는 다른 마을의 지도자들보다 젊다. 30대 후반쯤밖에 안 되는데다 친근감 있는 촌장이어서, 우리는 그를 '까니'라는 애칭으로 불렀다.

까빠바라 마을은 주민이 1백 명이 채 안 되는, 작고 깨끗한 마을이다. 상류 지역에 있는 말로까 같은 큰 집도 없고 문화도 다른 곳과 별반 다르지 않지만 이 부족에만 있는 작은 야자나무로 세공한 팔찌와 목걸이는 특히 독특하고 아름답다. 이 마을은 막 농사를 짓기 시작했는데, 가장 먼저 만디오까 밭으로 우리를 안내했다. 그러고는 일곱 개의 오렌지 씨앗으로 시작한 밭이 이렇게 나무도 많이 생기고 열매까지 맺게 되었다며 자랑스럽게 보여 주었다.

잠시 후 까니가 동쪽 하늘을 가르치며, "큰 비가 올 테니 집 안으로 들어가라"며 재촉했다. '이렇게 날씨가 화창한데 비는 무슨 비?'라고 생각한 지 5분도 안 되어 굵은 빗방울이 뚝뚝 떨어지기 시작했다. 그러다가 주룩주룩 내리는가 싶더니 곧바로 1미터 앞도 안 보일 만큼 장대비가 쏟아

지기 시작했다. 스콜이다. 피부에 닿으면 두드려 맞은 것처럼 빨개지면서 아프다. 이럴 때는 비 오는 소리가 말소리까지 잡아먹기 때문에 그냥 가만히 앉아서 기다리는 수밖에는 도리가 없다. 그렇게 세 시간 정도 장대비를 쏟아붓다가, 갑자기 하늘이 개면서 머리가 아플 정도로 태양이 쨍쨍 내리쬐었다. 하루 종일 이런 일이 몇 번씩 반복되는 것이 아마존의 우기다.

하루는 마을 한쪽 구석에 피어 있는 난초 한 송이를 발견하고 정신없이 바라보고 있는데, 일곱 살 정도 되어 보이는 남자애가 가까이 다가왔다. 보통 애들과 달리 입과 귀에 장애를 갖고 있는 그 아이는 굉장히 밝은 성격이었다. 내 손을 잡고는 자꾸 어딘가로 데리고 가려고 하기에 못 이기는 척 아이 손에 이끌려 함께 정글로 들어섰는데, 순간 난 내 눈을 의심하고 말았다. 눈앞에 난초 군락지가 펼쳐진 것이다. 일본에서 보던 것보다도 훨씬 더 힘차고 진한 분홍색을 가진, 진정한 야생 난! 아이는 환하게 웃으며, "어때 굉장하지!" 하는 얼굴로 나를 쳐다보았다. "고마워! 정말 고마워!" 아이의 예쁜 마음이 한없이 고마웠다.

사람 좋기로 소문난 까니 씨는 다른 부족의 배나 엔진이 고장 나면 바로 빌려 주곤 하다 보니, 정작 자신이 써야 할 때는 어려움에 처하고 만다. 그래서 긴급용으로 쓰라고 이 부락에 배와 엔진을 기증했다. 그리고 우리의 최종 목적지인 꾸니엘까지는 까빠바라 마을 사람 한 명이 선장이 되어 데려다 주기로 했다. 그때까지만 해도 이게 얼마나 엄청난 일로 이어질 것인지, 알지 못했다.

까니 씨에게 그 동안 잘 대해 주어서 고맙다는 인사를 전했다. 그리고 마을 사람들에게도 내년에 꼭 다시 오겠다며 작별인사를 건네고 출발했다. 몇 군데 부족을 거쳐 빠블 지구에 도착했다. 찌까웅 족 마을은 빠블 지구에서 걸어서 15분 되는 곳에 있는데, 인구 235명이 산다. 장로인 메로뽀는 마르고 작은 몸집을 가졌지만 큰 영혼을 가진 사람이다. 마을의 대변인인 아따끼 씨는 메로뽀와는 반대로 덩치가 아주 크다. 생김새가 다른 이 두 사람은 절묘한 조화를 이룬다.

"겐코가 온다는 말을 듣고 우리가 오늘은 맛있는 음식을 준비해 두었지."

ㄱ 날에 옆을 바라보니 아직 숨이 끊어지지 않은 원숭이 한 마리가 축 늘어져 있었다. 순간 마음속에서 '설마, 이 원숭이를 먹으라는 건 아니겠지!' 하는 생각이 들었다. 원숭이는 사냥감이 적은 우기에는 입에 대기조차 황송한 귀한 음식이다. 인디오들의 환대가 느껴졌다. 그래도 인간과 이렇게나 비슷하게 생긴 원숭이를 먹는다는 것이 어딘지

모르게 마음에 걸렸다. 하지만 아무 말 없이 그저 지켜보았다. 인디오들은 커다란 냄비에 물을 끓여 원숭이를 집어넣었다. 원숭이는 단말마의 비명과 함께 숨을 거두었다. 다 익은 원숭이의 털을 벗겨 내고는 평등하게 나누었다.

이 나이가 되어서야 처음으로, 내 몸을 유지하기 위해서는 다른 생명체의 목숨을 거두어야 한다는 현실을 온몸으로 이해하게 됐다. 머리로는 이해하고 있었지만, 눈앞에서 모든 과정이 펼쳐지는 것을 바라보니 엄청나다는 말 말고는 달리 할 말이 없다. 일본의 슈퍼마켓에서 팔리고 있는 최고급 쇠고기도 작은 단위로 잘려 랩에 포장되어 있다 보니 '설마 저것이 소?'라고 바로 연결하는 것이 쉽지 않다. 어떤 생명체라도 자신이 원하지 않는 순간에 생명이 끊어지게 된다면 거부감이 들 수밖에 없을 것이다. 그러니 우리는 더더욱 먹을거리를 존중하지 않으면 안 된다. 모든 과정을 시종일관 가만히 지켜보는 인디오 아이들은 결코 음식물을 함부로 다루지 않는다. 이런 체험은 그 무엇과도 비교할 수 없이 강력한 교육이 된다.

이번에는 아따끼 씨가 알루미늄 바구니에 무엇인가를 가져왔다.

"지금이 아니면 먹을 수 없는 제철음식이야. 영양 만점이지!"

들여다봤더니 7센티미터도 넘는 날개미 수십 마리가 살아서 파닥거리고 있었다.

"설마! 이걸 날로 먹으라고?"

볶거나 익히지 않고서는 도저히 그대로 먹을 수가 없어서 정중하게 거절했다. 그러자 사람들은 이렇게 맛있는 것을 왜 안 먹느냐는 표정으로 나를 바라보더니 몇 명의 젊은이들이 입 안에 날개미를 털어 넣었다. 입 안에서 적당히 씹거나 어설피 먹다가는 날개미에게 쏘이기 십상이다.

정글에서는 도시에서는 절대로 먹을 수 없는 것들을 먹을 수 있는 기회가 많다. 원숭이 통찜, 날개미 생식, 거북이 통구이, 그리고 가장 일반적인 먹을거리로는 쥐(쥐라고는 하지만 돼지만큼 큰 것도 있다.), 새, 알마지로, 새끼 악어 바비큐에다 평소에 먹는 만디오까 고구마까지, 그리고 생선 종류가 있다. 알코올은 금지되어 있지만 고구마 즙을 짜서 만든 밍가우는 때로는 과실주가 되어 주기도 한다. 밍가우는 다 같이 돌려 마시는데, 때때로 다른 사람의 타액이나 가래가 섞이기도 한다. 하지만 이것저것 가릴 처지가 못 되니 그대로 마실 수밖에 없다. 그러다 보면 도시에서 살균이니 세균이니, 난리 떠는 모습이 우습게 느껴진다.

여기에서 중요한 사실 한 가지! 인디오들은 나무 열매를 제외하고는 절대로 여분의 식재료를 조달하지 않는다는 것이다. 먹고 남았을 때는 큰 냄비에 전부 한꺼번에 넣고는 부글부글 끓여서 스프로 만들어 먹기 때문에 쓰레기가 나오지 않는다. 나온다고 해 봤자 기껏해야 생선 뼈 정도로, 이것도 며칠 후에는 정글의 또 다른 생명들이 해결해 준다. 인디오 부락에서는 쓰레기 비슷한 것을 찾을래야 찾을 수가 없다. 그래서 우리들도 볼일 볼 때 쓴 종이처럼 태울 수 있는 것은 태우고, 타지 않는 쓰레기는 큰 마을로 가져와서 버린다. 바로 재활용 이전의 생활이다.

지금 우리 사회는 재활용을 환경에 아주 이로운 착한 행동이라고 여긴다. 하지만 처음부터 아예 쓰지 않는 것이 더 나은 것이 아닐까. 물론 금욕적일 필요까지야 없다. 하지만 정말로 필요한 물건인지는 사기 전에 조금만 더 생각해 보면 알 수 있기 때문에, 넘쳐나는 수요와 공급을 안정시키는 것이 지구에는 더 좋다. 어려운 경제 이론은 모르지만 구매를 촉진시키고 소비에 가속이 붙는다면 자연 파괴 속도가 그만큼 빨라질 것이고, 결과적으로 다음 세대의 목을 조르는 일이 되고 만다. 이래서는 인류의 존속을 걱정하지 않을 수 없다.

찌까웅 족 마을에서도 많은 것을 배웠다. 찌까웅 족은 지금 살고 있는 싱구 강에서의 삶에도 만족하지만, 원래 살던 곳으로 돌아가려는 마음 역시 버리지 않고 있다. 국제 민간 단체인 〈서바이벌인터내셔널〉(Survival International, 전 세계 소수 종족 인권 단체, 본부는 영국)을 설립한 페트릭 망쉐 파리대학 교수는 30년 가까이 찌까웅 족과 교류하고 있다. 아들 이름도 '찌까웅'이라고 지었을 정도로 찌까웅을 사랑하는 분이다. 페트릭 망쉐 교수는 흰곰처럼 생긴 할아버지다. 나에게 찌까웅 족에 대한 설명을 들려주더니, 어려운 일이 생기면 내게 도움을 청해도 되겠느냐고 물어 주었다. 브라질에서 가장 먼 나라, 일본에서 하고 있는 원주민 지원 활동을 높이 평가해 준 것 같아서, 정말 기뻤다.

평등하게, 그리고 균등하게

싱구 강 지역 전체에는 20개가 넘는 부족이 살고 있다. 이들 모두를 도울 수는 없어서, 인연이 닿은 부족을 지원하게 되는 일이 많다. 이때 개인 원조라면 문제가 없지만, 단체 원조일 때는 문제가 생기는 경우도 있었다.

그즈음 영국의 〈바디샵〉이라는 화장품 회사가 세계적으로 주목을 받고 있었다. 〈바디샵〉은 모든 원료를 자연에서 채취한다는 구호로 사업을 시작했는데, 시대적 요구와 딱 맞아떨어져 눈 깜짝할 사이에 전 세계로 시장을 확대시켜 나갔다.

까야뽀 족에 빵야깐이라는 지도자가 있었다. 빵야깐은 상술에 뛰어난 인디오였다. 〈바디샵〉은 아마존 사업 중 하나로, 빵야깐과 계약해 정글 식물을 채취하여 돈과 바꾸고 있었다. 자연과의 조화를 잊지 않고 실시한다면 이는 기본적으로 아무 문제가 없는 일이었다. 하지만 빵야깐은 이 계약으로 돈을 벌게 되었다. 당연한 일이었다. 눈 깜짝할 사이에 막대한 부를 거머쥔 빵야깐은 경비행기를 사고, 백인을 고용해 부리는 부자가 되었다.

1992년, 브라질의 리우에서 〈세계환경정상회의〉가 열렸을 때의 일이다. 우리가 한창 국제회의를 열고 있을 때, 빵야깐이 자신의 처와 공모하여 딸아이의 백인 가정교사를 강간했다는 내용이 텔레비전 뉴스를 통해 전해졌다. 하필 이런 때 이런 뉴스가 터지다니. 까야뽀 족 지원 사업을 하던 우리들에게는 남의 일이 아니었다. 바로 진상 조사에 착수했다. 빵야깐은 부정했다. 인디오라는 것만으로 이 세계에서는 차별의 대상이 되는 것 또한 사실이니까. 까야뽀 족도 빵야깐의 개인적인 성공을 싫어해, 빵야깐을 받아들이려 하지 않았다.

나는 빵야깐과 몇 번인가 이야기를 나눈 적이 있다. 빵야깐은 말이 많고 시끄러운 사람이기는 하지만 강간을 저지를 위인은 못 된다. 그것도 자신의 처와 짜고서? 혹시

조작이 아닐까? 빵야깐만 유독 눈에 띈 것이 원인이 아닐까? 〈바디샵〉의 상징이었던, 까야뽀 족 청년이 날개를 단 포스터는 그 이후 매장에서 사라졌다. 〈바디샵〉은 결국 인디오의 자주적인 노력에 의한 자립에 도움을 주고자 이런 상거래를 생각해 낸 것이었겠지만, 결과적으로 빵야깐 한 명만 지원하다가 마지막에는 빵야깐 자신조차 파멸시켜 버리고 말았다고 나는 생각한다.

시민 단체의 지원이건 돈을 벌기 위한 지원이건 가장 신경써야 할 것은 "평등하게, 그리고 균등하게"다. 한 사람이나 한 부족에만 집중시키지 말고, 작더라도 전체가 시간을 두고 풍요로워질 수 있는 체제를 만들어야 된다. 인디오는 특히 질투가 많다. 남의 이야기도 좋아한다. 한번 소문이 나면 이런 종류의 스캔들은 채 하루가 지나기도 전에 모두에게 알려지게 되어 있다.

우리들은 평등과 균등을 제일 먼저 염두에 두고 배려하면서 다양한 사업을 지원하고 있다. 광활한 싱구 강 전 지역을 한꺼번에 방문하는 것은 불가능하기 때문에 다음은 어디를 갈 것인지, 해마다 요령 있게 정한다. 빠울로를 중심으로 한 협력자 그룹이 해마다 이 지역에서 그때그때 문제가 되고 있는 주제나 지원 사업의 진척 상황 등을 정기적으로 보고하기 때문에, 일본에 있으면서도 제법 자세한 상황을 알 수 있다. 그리고 이번 모임에 참석하기 어려운 부족을 위한 지원도 빼놓지 않으려 애쓴다. 어떤 해는 상류 지역에서 야생종 보호 사업을, 중류 지역에서 의료 지원 사업, 그리고 하류 지역에서는 교육 사업, 이런 식으로 늘 균형을 생각한다. 덕택에 이 지역을 지원한 지 십 년이 다 되어 가지만 어떤 부족에게도 불만의 목소리를 듣지 못했다. 어디에서나 가슴을 펴고 당당할 수 있다. 그만큼 여기에서는 사람을 알아야 고생을 피할 수 있다.

생사의 갈림길에서

마지막 목적지인 레오날드 지구에 당도했다. 네 개의 지구가 완전히 만족스럽다고는 말할 수 없지만 당장 긴급 의료에 필요한 기초적인 약품과 기구가 갖추어졌다. 그동안 이 지원 활동에 협력해 주신 많은 분들의 선의가 마침내 겉으로 드러난 것이다. 아무리 작은 일이라도 행동을 하면 결과가 나타나기 마련이다. 그러니 더욱 꼼꼼하게 정성을 다해야 한다.

이동 중에도 날씨는 스콜이 쏟아졌다가 땡볕이 내리쬐다가, 하루 종일 오락가락한다. 총 길이 6미터의 알루미늄 배는 우리들 운영진 다섯 명과 인디오 선장 가족, 짐, 가솔린, 기름으로 가라앉을 지경이다. 게다가 배 밑바닥이 새다 보니 교대로 끊임없이 물을 퍼내지 않으면 다 젖게 된다. 출발할 때, 선장 가족은 다른 마을에 일이 있어서 중간에 내리는가 싶었는데, 결국 부인과 아이까지 우리와 함께 여행길에 나섰다. 빠울로 말고는 우리 일행은 거의 젊은 여성들이었다. 빠울로에게 딸들이 걱정되어 따라나선 아버지 같다며 놀리기도 했지만, 점점 피로가 몰려오자 다들 말들이 없어졌다.

배도 무게가 있는 만큼 점점 속도도 떨어지고, 게다가 연료까지 잡아먹는다. 지붕이 없는 배라서 소나기가 내리칠 때는 검정 비닐 시트를 뒤집어써야 한다. 또 비바람이 내리칠 때는 모두들 양손과 양발로 비닐을 지탱해야 한다. 숨이 막힐 때는 배 가장자리에서 얼굴이 나올 만큼만 비닐 시트를 열고 그곳으로 숨을 쉰다. 몇 시간씩 애벌레처럼 웅크리고 앉아 온몸에 힘을 주다 보면, 정말 말로 표현하기 어려울 만큼 힘들고 죽을 맛이다. 순례 길에라도 나선 것 같다. 가솔린이 다 떨어져 탱크의 가솔린을 갈아야 할 때는 강 한가운데 배를 멈추고 작업을 해야 하는데, 이때 파리 떼들이 인간의 피를 찾아 달려든다. 배라고는 하지만 놀이공원의 호숫가에 떠 있는 배와 거의 비슷한 게, 다만 크기만 조금 클 뿐이다.

갑자기 선장의 행동이 이상해졌다. 조급해하는 것을 보

니 아무래도 길을 잃은 것 같았다. 강을 직선으로 하면 그다지 먼 거리가 아닐지 모르지만 아마존 지류 지역의 강은 오른쪽, 왼쪽으로 구불구불 굽어진데다가, 그중 한 길을 잘 찾아 나가지 않으면 목적지에 제대로 닿을 수가 없다. 평소라면 그런 수로를 헷갈리는 일 없이 잘 다니겠지만, 이 지역의 작은 나무 한 그루까지 자세히 알고 있는 인디오조차도 큰비 한 번에 지형이 변해 버리면 그때는 어쩔 수 없다고 한다. 대포처럼 퍼붓는 비는 하룻밤 새 새로운 수로를 만들고 작은 호수를 만든다. 아무래도 우리 일행은 강의 미로에 빠진 것이 틀림없었다. 같은 장소를 계속 빙빙 돌 뿐, 전혀 빠져 나가지를 못하고 있다.

밤이 되고 주변에 어둠이 깔리기 시작했다. 시도 때도 없이 소나기는 찾아오고, 쓸데없이 강 위에서 연료와 체력을 낭비하는 것이 아까워 배를 강기슭에 대고 잠시 쉬어 가기로 했다. 배 바닥에서는 여전히 물이 새고 있어서, 표주박으로 만든 바가지로 쉴 새 없이 물을 퍼내는 작업이 계속되었다. 아무도 말을 하지 않았다. 배는 좁고 계속 앉아 있다 보니 엉덩이까지 젖은데다가 온몸이 근육통 때문에 쑤시지 않는 곳이 없다. 인디오만큼이나 눈이 밝은 빠울로가 말했다.

"강 저쪽 기슭에서 표범이 물을 마시고 있어요!"

빠울로의 한마디에 간이 다 떨어졌다.

날이 새고 새벽 안개 속에서 다시 배를 젓기 시작했다. 계산상으로 꾸니엘은 틀림없이 가까운 곳에 있다. 그런데 나침반이 미쳤는지 뱅뱅 돌기만 했다. 이상했다. 문득 옛날에 텔레비전 방송에서 보았던 '세상에 이런 일이'며 '미스터리 존' 같은 것이 갑자기 떠올랐다. 그날도 이 미로에서 끝내 탈출하지 못했다.

이제 식량이라고 부를 만한 것은 건포도뿐이었다 입에 넣을 수 있는 것은 이 건포도와 강물이 전부다. 마침내 사흘째 되는 날, 날이 저물자 어떤 상황에서도 냉정함을 유지하던 빠울로가 배 위에 서서 양쪽 강기슭을 살폈다. 그러고는 "가솔린이 이제 10리터밖에 안 남았어요. 해가 떨어지기 전에 강기슭으로 올라가 해먹을 쳐야겠어요." 하고 말했다. 순간 마음속에 수많은 말들이 올라왔다.

'스콜이 내리면 어쩌려고 그래? 그건 너무 위험한 일이잖아. 애당초 당신이 가솔린을 조금 더 여유 있게 사 두었으면 이런 일도 없었을 거잖아!'

이렇게 소리라도 지르고 싶었지만, 지금 이 장소에서는 할 말도 아니거니와 피곤하고 힘들기는 모두 마찬가지여서 조용히 승낙했다. 고맙게도 지금은 비가 내리지 않는다.

"저곳으로 하자. 배를 기슭에 대!"

선장이 큰 목소리로 말했다. 해가 다 떨어진 정글을 향해 두 손을 모았다.

"숲의 신이여, 동물들이여! 당신들의 성역을 잠시 빌리겠습니다. 부탁드립니다."

그러고는 뭍으로 올랐다. 발밑은 이미 어둠으로 보이지 않았다. 인디오 일가는 축축해진 잔가지로 불을 붙여 작은 모닥불을 만들더니 알몸으로 연기를 쏘였다. 이는 인디오의 지혜인데, 보온에도 좋고 벌레 쫓는 데 탁월한 효과가 있다. 모두가 마음에 드는 나무를 골라 묵묵히 해먹을 치고 1인용 모기장을 쳤다. 나머지는 오늘 밤 비가 내리지 않기를 기도하는 일뿐이다. 난 생각했다.

'이건 생존 게임이 아니야. 만약 일본에서 이랬다가는 엄청난 소동이 일어날걸!'

'시민 단체 지원 중단!', '시민 단체의 무계획적인 행동!' 등등 언론의 각종 헤드라인 뉴스가 떠올랐다. 그리고 우리 일행이 걱정되기 시작했다. 나와 조카는 결혼도 해 봤고 서로 친척이니 어떻게든 되겠지만 아직 새파란 청춘인 20대는 어쩌란 말인가. 앞으로 하고 싶은 일도 많을 텐데, 최악의 경우에는 여기에서 죽을 수도 있으니 어쩌면 좋지? 문득 부모님 생각이 떠올랐다. 하지만 이제 와서 어쩔 도리가 없다. '사람이 한 번 죽지, 두 번 죽나. 그보다도 내일

당장 식량을 찾아야 될 텐데…….'

모두가 사흘 동안 거의 먹지 못해 몸조차 못 가눌 지경인데도 해먹에서 잘 수 있다는 사실만으로도 몹시 기뻐했다. 그리고 혹시나 여기에서 숨을 거둔다 하더라도 녹음을 해 두면 나중에 사람들이 우리가 어떤 상황에 처했는지 알 수 있을 거라는 생각이 들었다. 서둘러 녹음테이프에 구구절절 사연을 녹음하기 시작했다. 멀리서 원숭이 우는 소리와 들짐승 소리가 들려왔다. 그리고 숲의 수많은 소리들이 파노라마처럼 밀려왔다. 사흘 동안의 피로가 한꺼번에 몰려오면서 몸이 납덩이처럼 무거워졌다. 이미 마음속으로는 가족들과 작별인사도 끝내 놓은 참이었다.

이번 정글 방문에서는 인디오 부락을 찾아갈 때마다 거의 번번이 비가 내렸다. 오늘 밤도 스콜이 내릴 것이다. 만약 그렇다면 단단히 마음먹지 않으면 안 된다. 모두들 언제까지 버텨 줄지 걱성이다. 하지만 그런 생각을 해 봤자 아무 도움도 안 되니 그때 가서 닥치면 해결하자! 오늘은 쉬어 두는 게 좋다.

막 잠이 쏟아지기 시작한 순간, 꿈인 듯 생시인 듯 오른쪽에서 인기척이 느껴졌다. 깜짝 놀라서 손전등을 비추자, 세상에 이런 일이! 반 년 전에 죽은 친구가 거기 서 있는 것이 아닌가. 간이 다 서늘해졌다.

"아오!"

내가 말을 걸자, 아오는 빙긋이 웃으며 말했다.

"겐코, 걱정 마. 괜찮을 거야."

그러고는 자취를 감추었다. 지칠 대로 지친 몸과 마음은 다시 잠 속으로 빠져들기 시작했다. 얼마나 잤을까. 잠결에 희미한 엔진 소리가 들리자 벌떡 일어났다. 응원군이 온 것이다. 아직 해도 뜨지 않은 아침 안개 속에서 모두들 있는 힘을 다해 목청껏 소리를 질렀다.

"살려 주세요!"

시간이 지나도 우리들이 도착하지 않자, 인디오들이 찾아 나섰고, 결국 우리를 발견해 준 것이다. 살았다. 이제 죽지 않아도 된다. 모두들 부둥켜안고 기뻐했다. 기쁜데도 웃음이 안 나오고, 울다 보니 목소리도 안 나왔다. 온몸의 에너지란 에너지는 다 써 버렸다. 무참하게도 우리가 타고 왔던 배는 이미 가라앉아 있었다. 그리고 기적이라고밖에는 말할 수 없는 것이, 단 하루, 우리가 밖에서 밤을 보낸 그날 밤에만 비가 내리지 않았다.

자연의 놀라움과 고마움, 그리고 유물론으로는 말할 수 없는 체험들. 나는 두고두고 생각한다. 이 지역은 3차원이 아니라 3.5차원 정도 되는 곳이 아닐까? 정글을 향해 머리 숙여 깊이 인사하며 싱구 강을 뒤로 했다.

거침없는 포식자, 문명

브라질리아로 돌아와 〈뿌나이〉 장관에게 각 부족들의 현황을 보고하기 위해 출발했다. 브라질 전 지역에서 일하고 있는 〈뿌나이〉 직원은 약 4천 명이다. 1992년 꼬롤 브라질 대통령이 〈뿌나이〉의 예산을 대폭으로 삭감하면서 총액이 전년 대비 20퍼센트 정도가 되고 말았다. 다섯 대가 있었던 긴급용 경비행기도 사라지고, 인디오 보호 지원 사업도 중간에서 끊겼으며, 대부분의 사업은 다른 나라의 행정 기관이나 민간단체의 자금으로 운용하기에 이르렀다.

수도 브라질리아에 있는 본청에서 하루 종일 커피를 마시며 서류만 보고 있는 직원은 그렇다 치더라도, 가장 밑바닥에서 가장 힘들게 인디오들과 고통을 함께 나누고 있는 직원들은 자신의 월급을 털어 인디오들에게 필요한 약과 물건을 사서 현지로 들어간다. 난 그런 사람들과 나누는 대화를 소중하게 생각한다. 그중에는 인디오 마을에서 버려진 아이를 자기 아들로 키우는 사람도 있다. 다른 비슷한 경우의 사람들과도 이야기를 나누었다. 여직원들은 대부분 마을을 돌아다니기 때문에 독신자들이 많다.

세계 모든 나라가 다 똑같겠지만 장관과 각료 등, 고위직에 앉아 있는 사람들은 툭하면 자리가 바뀐다. 심할 때는 장관직을 6개월도 못 버틴 사람도 있었고, 그 자리가 공석이 되다 보니 브라질을 방문할 때마다 새로운 장관들과 면담을 통해 우리가 하는 일에 대해 처음부터 다시 설명해야 하는 어려움을 겪는다. 실패했거나 오명을 쓰고 그만둔 사람들은 해결해야 될 문제를 포기하게 된다. 그들은 원래 브라질 정부가 해야 할 일을 우리가 하고 있다는 점에 대해서는 정확하게 인식하고 있기 때문에 나에게 정중하게 감사를 표한다. 하지만 그것은 어디까지나 표면적인 치하일 뿐이다. 나 역시 장관의 심기를 건드리면 통행 허가증을 못 받기 때문에 평화롭고 온건한 소통을 유지한다. 이들은 하나같이 자신의 임기 중에 풍파를 일으키지 않으려 조심하면서 〈뿌나이〉를 그저 다음 단계로 승진하기 위한 발판으로만 생각하는 사람들이다. 정말 진심으로 인디오를 위해서 몸 사리지 않고 임무를 수행한 사람은, 내가 알고 있는 한 한 사람밖에 없었다.

그건 그렇다 치더라도 〈뿌나이〉에서 제대로 된 방은 장관실이 유일하다. 다른 부서는 천장에 구멍이 뚫렸거나, 창문이 깨졌거나, 제대로 앉을 수 있는 의자를 찾아보기가 힘들 만큼, 어느 곳이나 한두 곳쯤은 망가져 있다. 그나마 예산이 없다 보니 수리비는 엄두도 못 낸다. 언젠가 한번은 파라 주에 있는 고리다 지국에 전화를 걸었다가 국제전화 요금 미납으로 통화를 못 하기도 했다. 이런 행정 기관은 들은 적도, 본 적도 없다. 그만큼 절박한 자금난을 겪고 있는 것이다.

이 영향은 인디오 사회에도 나타났다. 작년까지 나오던 여러 예산이 끊기게 되자 인디오 지도자들은 브라질리아에 있는 〈뿌나이〉 장관에게 직접 읍소하러 왔다. 부족을 대표해서 만나는 것이기 때문에 장관에게 확실한 답을 듣기 전까지는 돌아갈 수 없는 입장이었다. 하지만 어지간히 중대한 일이 아닌 이상, 장관이 직접 인디오를 만나는 일은 없다. 그러다 보니 인디오가 〈뿌나이〉 건물 주변에서 노숙까지 하는 악순환이 반복된다. 거기까지 오는 돈은 누군가에게 얻어서 왔지만 다른 경비는 하나도 없다. 빈털터리다 보니 아는 사람이 지나가면 밥값과 숙박료를 좀 달라고 부탁할 수밖에 없다. 마을로 돌아가면 모두들 훌륭한 장로들인데, 도시에서 보면 지저분한 노숙자처럼 보이니 참으로 가슴 아프다. 그중에는 자신들이 만든 공예품을 현관 앞에 놓고 파는 인디오들조차 있다.

내가 장관과 면담을 마치고 밖으로 나오자 빠울로가 소개하고 싶은 사람이 있으니 꼭 좀 만나 달라고 부탁했다. 인디오로는 보기 드문 여성 지도자인 빵깔 족의 도나끼떼리아였다. 도나끼떼리아는 환갑을 조금 넘은, 위풍당당한 여인이었다. 도나끼떼리아는 내 눈을 똑바로 쳐다보면서 이야기를 시작했다.

"난 브라질 동북부에 있는 바이아 주의 마을에서 사흘 동안 버스를 타고 이곳에 왔습니다. 우리들은 화폐경제 속에서 살아가야 합니다. 지금까지 주로 해먹을 만들어 팔아 살아왔는데, 작년까지는 〈뿌나이〉가 재료비를 전부 부담해 주었습니다. 올해는 그 돈이 오지 않아서 받으러 왔는데, 만나 주지 않아요. 그 돈을 받을 때까지 마을에 돌아갈 수 없습니다. 모두의 생명이 걸려 있으니까요. 벌써 일주일이 지났습니다."

도나끼떼리아는 지도자였던 남편이 죽자 그 뒤를 이어 여자 장로가 되었다고 했다.

"전부 해서 얼마나 필요한데요?"

내가 물었다. 도나끼떼리아가 필요한 돈은 일본 돈 7만 엔 정도라고 했다. 얼만 안 되는 액수여서 나도 모르게 주머니를 털어 주고 말았다.

"이걸로 약 2백 명의 마을 사람들이 올해도 살아갈 수 있게 되었습니다. 우리 마을로 초대할 테니, 다음에 꼭 와 주세요."

한 사람 한 사람 지도자와 이야기를 나누다 보면 각각 나름대로 사정이 있다. 그러니 '적은 돈으로 도움이 된다면' 하는 생각이 들어 나도 모르게 주머니를 털어 주게 된다. 대부분의 인디오들은 관광객을 상대로 자신들의 공예품을 팔아 생계를 유지한다. 싱구 지역 사람들은 아직 자신들만을 위한 수공예품을 만들고 있기 때문에 하나같이 훌륭하고 예술성이 뛰어나며 높은 품질을 자랑하는 공예품들이 많다. 주로 새의 깃털을 이용한 의식 용품인데, 새는 죽이지 않고 떨어진 깃털을 이용한다. 언젠가는 그들도 팔기 위한 공예품을 만들게 될 것이라 생각하면 마음이 쓰리다. 〈뿌나이〉 건물을 한 바퀴 돌자 내 주머니는 빈털터리가 되고 말았다. 이런 식의 대응은 일시적인 행동일 뿐, 해결책과는 거리가 멀다는 것은 나도 잘 알고 있다.

열대우림과 인디오 보호 등 제반 지원을 생각할 때 먼저 고려해야 할 두 가지가 있다. 첫 번째는 긴급성이다. 전염병이 인디오들을 덮치면 한 줌도 안 남고 모두 사라질지도 모른다. 두 번째는, 이를 위한 대응책으로서 의료 지원이다. 최근에는 예방주사로 사전에 방지하는 사업을 진행하고 있다. 불법 침입자에 의한 야생종 남획 방지도 여기에 속한다. 이를 위해서는 평소에 감시를 게을리해서는 안 된다.

1993년, 싱구 강 중류 지역에 있는 까뽀또 자리나의 경계선 근방에 리조트 호텔 '헨자'가 세워지더니, 브라질 각지에서 사냥꾼들이 모여들었다. 강까지는 보호구역으로 되어 있는데도 강가에 호텔이 들어서자 불법으로 물고기를 잡았다. 1주일 사이에 1톤이나 되는 진귀한 물고기들이 강에서 사라지자 화가 난 까야뽀 족은 호텔을 상대로 전쟁을 벌였다. 먼 옛날에는 이 호텔 땅도 까야뽀 족이 신성한 장소로 삼았던 곳이다. 라오니의 부모도 백인들에게 살해되어 이 땅에 잠들어 있다고 한다. 이것이 큰 사건으로 번지자 〈뿌나이〉가 중재에 나서서 재판을 하게 되었다. 우리도 같은 해 그 시각, 이 장소를 시찰했는데 다섯 명의 건장한 까야뽀 족 전사가 불침번을 서고 있었다. 그중 한 명이 말했다.

"이곳에서 잡은 물고기들을 경비행기로 상파울루까지 실어 가 팔고 있다. 큰돈이 되기 때문이지. 여기는 까야뽀의 특별한 곳이기 때문에, 이쁘레리 신이 용서하지 않을 것이다."

간소한 2층 건물인 이 호텔은 방이 서른 개나 있고, 각 방에는 수세식 화장실이 설치되어 있다. 까야뽀 족이 무기로 삼고 있는 봉을 몸에서 한시도 떼지 않던 인디오 남자는 말했다.

"당신들이 도와준 덕택에 여기까지 왔다. 숲의 동물들도 고마워한다. 하지만 백인들의 놀이를 위해서 수많은 표범과 맥(Tapir, 코뿔소와 말의 중간종인 포유동물), 악어가

죽었다."

이 싸움이 시작되기 직전에 메가롱에게 감시에 필요한 배, 무전기, 엔진 등 물자를 지원해 달라는 요청을 받고, 지원에 나섰다. 이른바 '문명사회'가 벌이는 수많은 야만적인 발상과 행동은 근본적으로 화폐경제의 마법에 걸려 있다. 그래서 더 이상 인간의 도리가 통하지 않는 세상이 되어 버렸다.

긴급하지 않은 지원 사업은 교육 사업이다. 하지만 이것도 몇 년 시간을 두어야만 진정한 평가가 나올 것이다. 나는 아마존 지원을 통해 수도 없이 많은 삶을 배우고 있다. 행정, 민간단체, 인디오 등, 처해진 입장은 다르지만 역시 개인으로 놓고 보면 훌륭한 분들이 많이 있다.

찌까웅 족의 마을. 집(야자나무로 만든 집 말로까는 작은 체육
관만큼 크다.)을 만드는 일은 인디오 남자들의 일이다.

찌까웅 족의 '삐끼 축제'. 삐끼나무 아래에서 감사의 춤을 춘다.

찌까웅 족. 남자들은 집에서 방문 의식을 치르는데, 가끔은 밖에서 할 때도 있다. 가운데가 추장 메로뽀.

까야비 족. 까빠바라 마을의 촌장인 까니즈오가 야생 난을 보여 주었다.

자와룬 지구에서 길을 잃은 수달. 인디오들이 애완용으로 길렀다가 크면 자연으로 돌려보내는데, 가끔 되돌아오는 수달도 있다.

20센티미터 정도 되는 피라니아. 아마존에는 피라니아가 약 2백여 종 가까이 있다. 인디오 중에는 손가락을 뜯어먹힌 사람들도 있다.

원숭이 통구이. 원숭이는 삶거나 구워서 먹는다. 상류 지역에서는 자주 먹지 않는다. 메이나꾸 족 마을.

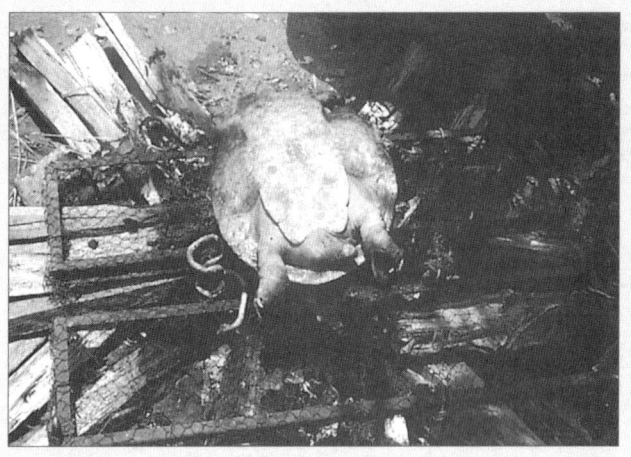

육지거북인 도라카자로 만든 거북이 통구이. 싱구 강의 인디오는 거북이를 자주 먹는다. 맛은 닭고기와 비슷하지만 질기다.

1992년, 우기의 싱구 강을 방문했을 때. 이 배에서 조난당했다.
안에 있는 물건은 전부 젖었다. 총 길이 6미터의 알루미늄 배.

조난당했다가 구사일생으로 목숨을 건진 기쁨의 순간.

제 8 장

하늘 아래 가장 멋진 정치

아마파 주의 신선한 충격

1999년 8월 18일 아침, 브라질리아에 도착했다. 횟수로 열한 번째 방문이다. 하지만 올해 4월에 한 번 왔기 때문에 정확하게는 열두 번째 브라질 방문인 셈이다. 지난 4월에는 상파울루에서, 브라질 사람들이 싱구 강 인디오들을 이해할 수 있도록 영상을 준비해 전시회를 열었다. 브라질 회사 〈지알렛〉이 기획했고, 우리 단체 RFJ가 프로듀서 역할을 했다.

이 〈지알렛〉 사는 비토와 헤토라는 브라질 남성 두 명이 세운 다목적 디자인 회사로, 본사는 상파울루에 있다. 기묘하게도 내가 RFJ를 만든 1989년도에 이 두 사람은 싱구 강 상류에서 하류까지 카누 여행을 했고 그 체험담이 책으로 출판되었다. 그 당시 빠울로가 이 두 사람의 싱구 강 인디오 보호구역의 통행 허가증을 얻도록 애써 준 인연으로,

이들과는 지금까지 교류를 하고 있다. 두 사람 다 이탈리아계 브라질 사람으로, 조금 게으른 것만 빼면 대하기 편한 사람들이다. 민간단체 활동가는 아니지만 이 두 사람은 때로, 민간단체가 하는 일과 비슷한 발상으로 일을 하는 경우가 있다. 그중 하나가 '메이나꾸 프로젝트'다.

두 사람은 3년 전부터 몇 차례 메이나꾸 부락을 찾아가 함께 생활하며 신뢰 관계를 쌓으면서 인디오와 자연을 영상에 담았다. 싱구 강 유역에는 10여 개의 부족이 존재하는데, 군이 메이나꾸 부족에게 초점을 맞춘 까닭이 있다. 메이나꾸 부족이 사는 땅은 산간 오지에 있다 보니 오랫동안 외부와 접촉이 적었고, 자연스럽게 독자적인 문화가 진하게 남아 있었기 때문이다. 언젠가는 이곳까지 화폐경제의 파도가 밀려올 것이다. 또 개개인이 돈을 벌어야 하는 시스템이 확립되면 지금 우리들처럼, 빈부의 격차가 생기는 사회로 변해 버릴 것이다. 그래서 이 부족의 공유 재산으로 영상물을 비디오로 만들어 책과 함께 판매하고, 그 수익금을 메이나꾸 사람들에게 환원시키려는 생각에서 시작한 일이었다.

〈지알렛〉이 우리 단체와 함께 연 전시회는 그 영상에 대한 홍보를 겸한 것이었다. 전시회장인 〈영상소리박물관(MIS, Museum de Imagine ed Song)〉에서 오프닝 파티를 열자 〈MIS〉가 설립된 이래 처음으로 6백 명의 사람들이 모여들어 예상 밖의 성공을 거두었다. 정치색을 최대한 억제시키고 메이나꾸 족의 전통문화를 사진과 비디오로 보여 주는 한편, 그들의 일상 생활용품 전시를 통해 전시장 전체를 인디오 사회의 공간으로 느낄 수 있도록 연출하였다.

1995년 9월, 우리는 이와 똑같은 기획전을 당시 도쿄 시내 한조몬半藏門에 있는 모 건설 회사 소유의 작은 박물관에서 40일간 개최한 적이 있었다. 이 미술관과 RFJ가 협력하여 위원회를 발족시킨 후, 약 2년간 스터디 그룹을 만들어 의견을 조율해 가면서 하나하나 정성껏 기획한 전시회였다. 취지는 상파울루 전시회와 거의 똑같았다. 마침 '일본 브라질 교류 1백주년'을 맞이하는 해여서 외무성과 환경청의 후원을 얻게 돼, 전시회 규모가 생각보다 조금 더 커졌다. 어찌 되었든, 민간단체가 주최하는 행사라 대중성을 갖기도 쉽지 않았고, 사람들이 각자 좋아하는 분야가 다르니 적극적으로 참여를 독려하는 일도 꽤 어려웠다. 행사에 담긴 뜻을 먼저 내세우면 거기에 찬성하는 일부 사람 말고는 대부분 외면하기 쉽다.

애당초 나는 어려운 일은 잘 모르는 사람이다. 하지만 사람이라면 누구나 기분 좋게 살고 싶어한다고 믿고 있다. 남에게 폐를 끼치지 않는 범위에서 그런 생활을 유지하는 것은 대단히 중요하다. 불합리한 이유 때문에 그 생활이 깨진다면 당연히 거기에 반발하고 또 항의하게 마련이다. 브라질 인디오가 바로 그런 상황에 처해 있다. 원래 살고 있던 토착민들이 나중에 들어온 백인들의 방자한 행동에 밀려 점점 더 구석으로 쫓겨나고 있는 것이다. 상황이 그렇더라도 싱구 강의 인디오는 아직, 다른 부족보다는 축복받은 환경에서 살고 있는 셈이다. 그래서 싱구 강 인디오가 키워 온 독자적인 문화를 일본에 소개하고 싶어졌고, 행사도 기획하게 됐다.

"인디오들은 이렇게 아름다운 바구니를 짜며 작은 장신구 하나하나에도 많은 시간을 들여 만든답니다. 그래서 그들의 작품은 아름다울 수밖에 없습니다."

나는 이 전시회를 보러 온 일본 사람들이 인디오들이 만든 물건을 직접 손으로 만지면서 아마존의 에너지를 느끼고, 태초의 시간의 흐름을 그리워하며, 인간이 무엇을 위해 살아가는가에 대해 조금이라도 느끼기를 원했다. 전시회장 출입구 근처에는 열대림이 불타고 있는 사진 한 장을 내걸었다. 전시회장을 한 바퀴 돌면서 한 사람 한 사람이 아마존의 이야기를 마음에 써내려 갈 때, 이 소중한 열대림이 파괴되어 가는 현실을 마지막 메시지로 담아 가기를 바랐다. 전시회 기간 중, 브라질에서 빠울로와 그림을 잘 그리는 메이나꾸 족 까마라를 초청했다. 까마라는 정글의 나무 열매로 만든 우루꿍을 재료로 바디 페인팅을 하고, 밀납으로 세공하는 과정을 보여 주면서, 참가자들을 인디오 문화에 빠져들게 만들었다. 빠울로의 강연회도 열었고, 브라질 음악가인 호세 뻬네이로와 뽀에 씨의 콘서트도 열었다. 대도시를 처음 방문한 까마라는 아스팔트 도로에 주저앉아 말했다.

"도쿄, 엄청 크네! 그런데 이렇게 좋은 흙을 두고 왜 그 위에 돌을 올리는 거지? 만디오까랑 수많은 식물을 심을 수 있는데 너무 아깝잖아!"

까마라의 그림은 상당히 독특하다. 까마라의 말에 따르면 그 그림은 자기가 그리는 것이 아니란다. 정령이 자신의 몸에 내려와 자신의 손을 사용하여 그림을 그리기 때문에 그때 말고는 손이 움직이지 않는다고 한다. 실제로 까마라기 그린 그림은 하나같이 힘차고, 손으로 만지면 열기가 느껴질 정도다.

전시회를 보러 온 사람들은 5천 명을 넘어섰다. 많은 사람들이 전시회를 통해 아마존을 충분히 만났다고, 나는 확신한다. 그리고 이 '아마존의 메시지'만큼은, 사람들은 정치색을 띠지 않기를 원했다고 생각한다. 다양한 직종의 많은 사람들이 이 전시회에 열정을 쏟아 주고 봉사 활동을 해 주었기 때문에 성공적으로 마칠 수 있었다.

상파울루 전시회도 똑같은 목적으로 기획되었다. 상파울루 전시회에서 내가 바란 것은, 그곳이 브라질 현장이니까 일본보다 더 많은 사람들이 인디오를 편견 없이 이해해 주었으면 하는 것이었다. 브라질 사람 가운데 많은 이들이 인디오를 동물처럼 대하고 있어서, 우리 같은 민간단체가 하는 일을 이해할 수 없다는 입장을 취하기 때문이다. 인디오를 그렇게 취급하는 것은 브라질 사람들에게는 일상적인 일이다.

1999년, 브라질을 열두 번째로 방문했을 때의 목적은 두 가지였다. 하나는 싱구 강 시찰이었고, 또 하나는 아마파 주를 처음으로 방문하는 것이었다. 방문에 나서기 두 달 전부터 빠울로가 아마파 주에 내가 꼭 만나 보아야 할 사람들이 있고, 그 사람들이 벌써 나를 기다리고 있다고 말했기 때문이다. 아마파 주는 아마존 강 하류에 있는 프랑스령 가나에 인접한, 브라질 최동북단에 위치한 주다. 뽀로로까(Pororoca, 달의 영향을 받은 바닷물이 아마존 강으로 역류하는 현상)로 유명한 땅이기도 하다.

나는 늘, 인디오의 자립을 목적으로 한 경제 원조는 브라질 행정기관의 협력 없이는 불가능하다고 생각해 왔다.

가끔은 짜증나는 일이기도 한데, 국가를 중심으로 모든 일이 이루어지는 지금의 지구에서는 헌법과 법률, 조약 등에 따라 최종 판단을 내리게 된다. 유일하게 개인의 주의주장을 반영하는 장으로 투표가 있을 뿐이다. 일본에서는 국민의 약 반밖에 안 되는 사람들이 투표한 선거에서 당선된 사람들이 나라를 움직인다. 그리고 이러한 사실에 불만을 가진 사람들조차 이렇다 할 의문도 품지 않고 하루하루를 살아간다. 참으로 이상한 나라다. 브라질은 투표를 하지 않으면 벌금을 내야 하고, 여권도 만들 수 없기 때문에, 모두들 필사적으로 투표장으로 향한다. 물론 이 나라에서도 부정 행위가 행해지고 일본과 똑같은 격전이 벌어진다.

내가 아마파로 가야겠다고 결심한 것도 바로 이 정치적인 문제 때문이었다. 나는 빠울로에게 아마파 주지사인 까뻬베리베 씨가 행하는 정책 이야기를 들었다. 그대로만 정책이 이루어진다면 이보다 더 좋을 수는 없겠다는 생각이 들 만큼 매력적이었다. 그만큼 까뻬베리베 씨는 제대로 된 정치가였다. 그만큼 현대사회에서, 특히 정치라는 정글에서 제정신 박힌 사람을 찾기란 하늘에서 별 따기이기 때문이다.

"약자를 희생 삼아 이루어진 사회는 잘못된 사회이며, 그런 사회는 없어져야 한다"는 주장을 하는 까뻬베리베

주지사는 주지사 취임과 동시에 새로운 정책들을 행동으로 옮겼다. 이 주에는 여섯 부족, 1만 8천 명의 인디오들이 살고 있으며, 꾸리아우라는 흑인 부락도 있다.

아마파 주의 주도 마까빠와 인디오 부락이 흩어져 있는 오야뽀기에서는 거리의 아이들이나 거지를 볼 수 없다. 한밤중에 혼자 걸어 다닐 수 있을 만큼 안전하다. 저녁에는 아마존 강변에 늘어선 노천 카페에서, 일을 마치고 돌아가는 사람들이 삼삼오오 모여 앉아 식사와 생음악을 즐긴다. 사람들은 얌전하고 화려하지는 않지만, 그렇다고 궁색하지도 않다. 그리고 자신들의 집도 가지고 있다. 주지사가 말하는 것처럼, 분명히 이곳에는 굶주리는 사람들이 없다. 강변 일등지에 위치한 주지사의 저택은 항상 문이 열려 있어서, 누구나 들어갈 수 있도록 했다. 사람들은 그를 '까삐삐'라는 애칭으로 부르며 따랐다.

우리들이 주도州都 마까빠에 갔을 때는, 하필 주지사가 브라질리아로 출장을 가고 자리에 없었다. 하지만 주지사 부인인 자네띠 씨의 초대를 받을 수 있었다. 자네띠도 몇 개의 공직을 겸직한 퍼스트레이디로, 주지사와 마찬가지로 활발한 활동을 하고 있었다. 인디오는 아니지만 겉보기에 흑인과 인디오의 피가 진하게 섞인, 인도인 같은 얼굴을 하고 있다. 자네띠는 내가 처음 봤을 때, 가정부로 오해했을 정도로 행동거지가 겸손하고 마음 씀씀이가 섬세했다. 우리가 주지사 공관에 도착했을 때는, 이 주에 사는 여섯 부족의 인디오 지도자들과 인디오 담당자, 그 밖에 무역, 교육, 위생 의료 등을 담당하는 브라질 책임자 몇 명도 초대받아 와 있었다. 놀라웠던 것은, 초청받은 사람들 모두가 중요한 위치에 있는 사람들인데도 20대, 30대의 젊은 층이라는 사실이다. 일본에서는 어느 정도 직책을 가진 공무원들이 40대 중반인 사실을 고려하면, 나름 한방 먹었다고나 할까.

그래도 명색이 주지사 부인이 주최하는 저녁 식사 모임이라 빠울로와 나는 나름대로 꾸미고 갔건만, 모두들 티셔츠에 청바지를 입은 가벼운 차림새였다. 우리 둘만 무언가 잘못 생각한 것 같아 부끄러웠다. 자네띠 씨가 열심히 말을 걸어 주었지만, 나는 바로 전날 브라질에 들어온 터라 시차 문제로 멍한 상태였다. 그런 상태에서 정신을 차리고 있는 것만으로도 힘들었다. 이를 알아차린 주지사 부인이, "일단 내일 현장을 안내할 테니 이야기는 나중에 들려 달라"며 이야기를 끝내 주었다.

다음날 아침, 준비해 둔 주지사 전용 경비행기를 타고 마까빠에서 6백 킬로미터 떨어져 있는 오야쁘기로 날아갔다. 스무 명 정도 탈 수 있는 이 경비행기는 평소에 내가 싱구 강에 타고 가는 경비행기와는 수준이 달라도 엄청 달랐다. 주지사 전용기인 만큼 우선 깨끗하고 화려했는데, 타고 있는 사람들도 병을 고치고 고향집으로 돌아가는 인디오, 아니면 나처럼 행정 관계 업무를 하는 사람들이거나, 주 정부의 인디오를 도와주는 인디오 담당관들이었다. 아마파 주에 머무는 동안은 자네띠 씨의 배려로, 뻬르난다라는 20대 후반의 브라질 여성이 안내역으로 동행해 주었다.

그동안 몇 개 주를 방문했어도 주 정부가 인디오들을 위해 이런 시스템을 만든 곳은 처음 보았다. 주 정부가 특별히 이런 기관을 움직이고 있는 것은 브라질에서는 아마 이곳 하나일 것이다. 〈뿌나이〉는 어디까지나 국가 쪽 조직으로, 주 정부 또한 독자적으로 인디오들을 위한 다양한 사업 지원을 실시하고 있다. 〈뿌나이〉 입장에서는 그것이 못마땅했다. 교육·의료·경제 자립 촉진 프로젝트 등 〈뿌나이〉보다 주 정부의 지원이 훨씬 더 꼼꼼하게 돈을 들이고 있기 때문이다. 〈뿌나이〉는 권위를 방패 삼아 위협하지만, 대부분의 인디오들은 주 정부의 편을 들고 있다. 옆에 있는 파라 주에 거주하는 다른 부족 인디오들까지도 이곳 아마파 주에 도움을 받으러 오고 있다.

인디오 위원회가 오야뽀기 사무실에서 우리가 오기를 기다리고 있었다. 주 정부가 든든한 배경이 되어 주고 있다는 사실이 인디오들에게는 커다란 안정감을 제공하지만, 그렇다고 문제가 없는 것은 아니다. 말라리아 대책이 다른 주보다 현격히 뒤떨어져 있기 때문에 위생 면에서 개선해야 한다거나, 교육 면에서도 독자 문화가 없어지다 보니 자료를 정리하고 도서관을 세우는 것도 큰 숙제다. 또 공공 도로가 인디오 보호구역을 가로지르고 있어, 수많은 갈등이 생겨나고 있었다.

훌륭한 점도 있다. 오야뽀기에서 나오는 농작물의 60퍼센트는 인디오 부락에서 출하되어 유통되고, 시장까지 확립되어 있었다. 모세혈관처럼 구석에 있는 지역까지 지원이 이루어지고 시스템이 제 기능을 발휘하고 있다는 사실은 굉장히 놀라웠다. 주지사 부부는 편안하게 인디오 부락을 방문하고, 현장의 소리에 귀를 기울이며 정책에 반영해 나갔다. 주지사의 뛰어난 실천력과 속도는 사람들에게 신뢰감으로 이어졌다.

대략의 설명을 듣고 난 후, 준비된 차로 바로 까리뻬니 족이 사는 망가 마을을 찾았다. 이 주에 사는 인디오들은 옷을 입고 포르투갈어를 쓴다. 집도 전통적인 인디오풍이 아니라, 브라질풍에 가깝다. 학교도 잘 정비되어 있고, 싱구 강 마을과는 분위기가 전혀 달랐다. 다음 날, 강을 따라 내려가며 성 이자벨라 마을과 스뻬리뜨 상또스 마을로 갔다. 이 두 마을의 바로 앞에 기아나 고지(Guina highlands, 남아메리카 대륙의 북부 콜롬비아 동부에서 베네수엘라 기아나의 남부에 걸쳐 있는 고지. 면적 120만 제곱킬로미터다. 남쪽은 아마존 수계, 북서쪽은 오리노코 수계로 연결되는 넓은 구릉성의 산지.)가 보였다. 인디오 지도자가 "평원 한가운데 미군 기지가 자리 잡고 있어서 큰 문제가 되고 있다"고 말했다. 인디오 마을을 둘러본 결과, 긴급하게 할 일도 없어 보였고, 부족민들도 평화롭게 잘 살고 있다는 느낌을 받았다. 짧게 머문 것이라 내가 보지 못한 부분도 많을 것이다. 분명한 것은 누구도 이것을 지원해 달라, 돈을 달라, 하는 말을 하지 않았다는 사실이다. 오히려 "어떻게 이 먼 곳까지 왔느냐"며 식사를 대접해 주었다. 하지만 내 입장에서는 무언가가 부족했다. 왜 그랬을까? 지금까지 긴장감 넘치는 현장만 보아 왔기 때문일까?

소박한 분위기의 오야뿌기 호텔로 돌아와 이런저런 생각에 빠져 있는데 자꾸 몸 어딘가가 가려웠다. 지금까지 수많은 벌레들에게 쏘여 봤지만 이번만큼은 묘하게 달랐다. 거울로 엉덩이를 비춰 보고서야 기겁을 하고 말았다. 엉덩이 여러 곳이 마치 두드러기가 난 것처럼 빨갛고 울퉁불퉁하게 올라오고 있었다. 그뿐만이 아니었다. 엉덩이를 보고 있는 사이에, 가려움증은 배꼽에서 양쪽 허벅지에 걸쳐, 정말이지 눈 깜짝할 사이에 번져 가기 시작했다. 깜짝 놀라 이곳에서 태어나고 자란 인디오 토박이 처녀 빅또리아에게 보여 주었다.

"으악~, 무꾸인한테 당했네요!"

"무꾸인? 그게 뭔데?"

'벼룩의 일종인데, 눈으로는 안 보일 만큼 빨갛고 조그만 벌레예요. 빨리 샤워하세요. 그리고 피부 속에 들어가 있을지도 모르니까 아무리 아파도 꾹 참고 박박 문질러야 될 거예요. 한 2주일은 엄청 가려울 텐데, 불쌍해서 어쩌나?'

어지간한 벌레에는 꿈쩍도 안 하던 나도 이번만큼은 정말 미칠 것 같았다. 가장 중요한 부분을 시작으로, 온몸이 벌레들에게 셀 수 없이 물린 것도 괴로운 일이지만, 한번 가렵기 시작하면 정말 미쳐 버릴 것만 같았다. 다음날에는 양쪽 사타구니에 있는 임파선이 부어오르면서 걷기도 힘들고 열까지 나기 시작했다. 같이 동행한 빠울로와 뻬르난다 역시 나와 똑같은 가려움증에 시달리고 있었는데, 이미 포기했다는 표정으로 온몸을 긁고 있는 그이들의 모습을 보고서야 조금 안심이 되었다.

인디오 부락 방문을 마치고 마까빠로 돌아갔다. 인디오

자립 지원 사업 이외의 현황을 알려 주고 싶다는 자네띠 씨의 의사도 있고 해서, 먼저 흑인 공동체에 가 보기로 하였다. 대서양 쪽에 가까운 이 땅은 아프리카에서 노예로 끌려온 사람들이 대대손손 살고 있었다. 프랑스령 가나에서 들어온 흑인들도 있었다. 습지대가 끝없이 펼쳐진 마까빠 근교에서 주 정부의 지원 아래, 공동 사업으로 물소를 사육하여 식육으로 시장에 출하시키고 있는 공동체가 있다. 이곳에서도 결코 풍요롭지는 않지만, 사람들은 느리고 평화롭게 살고 있었다. 거지도, 알코올중독자도 찾아볼 수 없었다. 자동차로 천천히 지나가자 길을 가던 사람들이 웃는 얼굴로 손을 흔들어 주었다. 상당히 우호적이었다.

마을로 돌아가 〈흑인문화센터〉를 방문했다. 흑인 문화의 독특한 특징을 간직한 몇 채의 건물들이 넓은 대지 위에 지어져 있고, 그 중앙으로 작은 야외 공연장이 마련되어 있었다. 운영진 모두가 흑인으로 구성된 이 단체의 여성 책임자를 소개받았다. 책임자는 외부의 형식은 갖추어졌지만, 아직 내용이 채워지지는 않았다고 설명하면서 사진과 종교 단체 기념물을 전시하고 있는 방으로 안내했다. 나는 아프리카의 자연과 놀라울 정도로 훌륭하게 공생하고 있는 흑인 문화를 존경한다. 흑인들은 노예제도의 희생이 된 아프고 어두운 역사를 가지고 있다. 당시 RFJ의 운영진인 바나(사사키 가오루) 씨의 결혼 상대가 세네갈 사람이어서, 아프리카에 대해 조금 알 기회가 있었다.

바나 씨에 따르면, 아프리카 서쪽 끄트머리에 있는 세네갈의 대서양 쪽에 면한 건물에 노예로 끌려온 사람들을 가두어 두었다고 한다. 만조가 되면 목 있는 곳까지 물이 차오르고 빠지기를 반복하게 되는데, 거기에서 살아남은 강한 사람들만 브라질로 보냈다고 한다. 그 건물은 지금도 여전히 세네갈의 고레 섬에 남아 있다. 우리들이 도착한 곳은 살바도르와 대서양 쪽 해안과 면한 항구 마을로, 이곳 역시 노예들이 브라질 전역으로 싼값에 팔려 나간 지역이다. 처음 포르투갈 사람들이 처음 이 땅을 침략했을 때는 인디오를 노예로 부렸다가 대부분의 인디오들이 죽자, 네덜란드 노예상인들이 아프리카에서 흑인들을 끌고 왔다.

예전에 살바도르에서 가장 유명한 교회에 갔다가 신비한 체험을 한 적이 있다. 인적 드문 교회 안으로 들어서지, 기독교 특유의 향기와 장식에 압도되어 질식할 것만 같았다. 교회를 둘러보다가 누군가의 신음소리가 들려 주변에 아픈 사람이 있는 줄 알고 두리번거렸지만 아무 인기척도 느낄 수가 없었다. 무언가 이상한 일이 일어날 것만 같은 느낌에 예배당에 있는 긴 의자에 앉아 조용하게 양손을 모으고 눈을 감았다. 신음소리는 벽 안쪽에서 들려오고 있었다. 그것도 한두 명이 아니라 몇십 명이나 됐다. 아마 이 건물을 짓던 중에 목숨을 잃은 사람이거나 제물로 바쳐진 흑인들인 것 같았다. 본인들이 아직도 살아 있다고 생각하는지, 힘든 상황을 절절하게 호소해 왔다. 한 사람 한 사람, 그들의 얼굴이 그림처럼 떠올랐다.

"여러분은 이미 이 세상 사람이 아닙니다. 부디 좋은 곳으로 가 주세요."

하고 설득했지만 사람들은 여간해서는 이승의 삶을 포기하지 않으려 했다. 빨리 편해지고 싶으니 어디로 가야 할지 알려 달라는 사람도 있었다. 그렇게 온갖 사람들이 수없이 나타났다가 사라지기를 수차례 반복했다.

'부디 이분들이 하늘의 이치를 깨닫고 좋은 곳으로 가시기를……'

진심으로 기도 드렸다. 시간이 얼마나 되었을까? 마침내 목소리가 멈추고 피곤함이 한꺼번에 몰려왔다.

브라질은 아프리카 사람과 인디오들의 학살을 기초로 번영을 이룬 나라다. 그렇게까지 하면서 영토를 넓히고 싶었던 당시 유럽인들의 이기심을, 지금도 나는 이해하기가 힘들다.

마까빠 〈흑인문화센터〉에 갔을 때도 살바도르의 교회에

서 느꼈던 불안감과 비슷한 느낌이 몰려왔다. 혹시나 하는 마음에 잠시 혼자 있게 해 달라 부탁하고는 중앙 광장으로 나가 눈을 감았다. 역시 똑같은 환영이 보였다. 당시 이곳은 노예시장이었던 듯, 수많은 흑인들이 쇠사슬에 묶여 서 있는 영상이 보였다. 이런 이야기를 책임자에게 했더니 깜짝 놀라며, "당신이 말한 그대로입니다. 그래서 나는 그 광장을 노예가 된 이들을 위해 진실을 전달할 수 있는 곳으로 만들고 싶습니다"라고 말해 주었다.

다음날은 가난한 농민들을 대상으로 한 자립 사업의 하나인, 브라질의 땅콩 산업에 대한 이야기를 듣게 되었다. 담당자의 말에 따르면 수확된 땅콩은 전부 브라질로 출하되어 오일로 만들고, 제품화시키는 작업을 진행하고 있다고 한다. 가을에 첫 번째 제품이 도착하는데, 이것이 제대로만 된다면 유럽 시장으로 판매망을 넓혀 나갈 계획도 가지고 있다고 말해 주었다. 또 상황을 보면서 브라질 국내 판매도 고려하고 있으며, 지속 가능한 개발을 염두에 두면서 자연환경 보전과 균형을 유지하며 공정 무역(제3세계 지원을 위한 공정 거래)을 생각하고 있다고 했다. 환금작물 재배 면적을 넓히느라 정글을 무자비하게 파괴하는 것을 막기 위해서라도 이 취지를 이해하는 소비자들이 공정 무역을 통해 상품 구매를 해 주었으면 좋겠다는 설명과 함께 "언젠가는 당신들 시민 단체를 통해, 일본에도 시장을 개척하고 싶다"는 말을 덧붙였다. 땅콩은 굉장히 맛있었다. 이 땅콩으로 비스킷도 만들어 팔고 있었는데, 아직 좀 더 개발해야 했다. 자네띠 씨는, "일본에서 자금을 제공받는 것 대신 일본의 지혜와 기술을 배우고 싶습니다. 기술력을 가진 인재 육성에 힘을 기울이고 싶으니 꼭 협력해 주세요."라며, 진심으로 말했다.

이곳에는 아직 상당히 많은 열대림이 남아 있기 때문에 많은 종류의 식물들이 군생하고 있다. 주 정부가 출자해 만든 〈이에빠HEPA〉라는 조직에서, 열대림 식물을 원료로 한 자연 소재 약과 비누, 샴푸를 만들어 일반인을 대상으로 판매하고 있었다. 공장 바로 옆에 있는 작은 가게 선반에 여러 제품들이 진열되어 있었는데, 용기도 심플하고 모든 상품이 하나같이 저렴하다는 사실에 놀랐다. 가난한 사람들도 사서 쓸 수 있을 만큼 착한 가격이었다. 하지만 한 사람이 한 종류, 두 개밖에 살 수 없다는 단점도 있다. 가게에는 제품을 사러 온 사람들을 위한 상담실도 있었다. 샴푸 하나만 하더라도, 머리가 벗겨진 사람이 사용하면 머리카락이 나는 샴푸부터 시작해서 다양한 용도의 다양한 상품을 갖추고 있었다. 무꾸인에게 물려 힘들다는 내 말을 들은 점원이 안디로바(Andiroba, 아마존 우림에 서식하는 식물인데 씨에서 얻은 오일로 화장품 원료, 방부제, 방충제로 사용한다.)라는 식물로 만든 비누와 크림을 소개하기에 써 보았더니, 바로 효과가 나타나 기뻐했던 기억이 난다. 또 심각한 아토피 증상 때문에, 아무리 좋은 약을 써도 듣지를 않던 우리 사무실 직원이 내가 산 크림을 발랐더니, 얼마 지나니 않아 아토피가 나아 버리기도 했다. 그 후, 우리들 RFJ와 아마파 주는 공정 무역과 지속 가능한 개발을 지키기 위하여 2000년 3월, 정식으로 거래 계약을 맺었다.

이 아마파 주는 브라질의 일개 주에 지나지 않지만 독립국 같은 느낌을 준다. 과거 몇 번인가 브라질 행정부 내에서 채무 상환용으로 미국에 팔릴 뻔하기도 했다. 주지사는 자신이 고위직에 있는데도, 개인의 부를 축적하는 데 관심을 두는 대신 주의 올바른 발전을 위한 시스템과 자신이 진행하던 법안을 임기 중에 완성하겠다는 결연한 의지를 가진 사람이다. 안내를 맡은 삐르난다는, "사실 전 성파울루 사람이지만 이곳 아마파 주의 직원으로 선발되어 일하고 있습니다. 캐나다에서 어린이 교육 문제를 공부했는데, 그 경험을 이곳에서 되살리고 싶어요. 다른 주에서 온 사람은 나 말고도 더 있어요." 하고 말해 주었다.

올 봄 자네띠 씨를 중심으로, 여성들로만 구성된 재미있는 심포지엄과 회의가 몇 차례 개최되었다. 그중 산파 육성 프로그램 확대는 중요한 일로, 앞으로는 여성들뿐만 아니라 남성 산파(Guiana Highlands, 아내가 출산할 때 남편이 스스로 산파 역할을 하며, 산후에는 아내 대신 자리에 눕기도 한다.)까지 육성하겠다는 안까지 나왔다고 한다. 실제로 내가 이곳에서 참석한 몇 개의 공식 회의만 하더라도 각 부문에서 고위직을 포함한 반 이상이 여성들이었고, 여성들의 목소리가 현장 업무에 확실하게 반영되고 있었다. 브라질에서 민주주의의 실현을 본 듯해서 정말 기뻤다.

이곳에서 가장 마음에 들었던 것은 사람들의 웃는 얼굴이었다. 이렇게 많은 사람들의 미소를 본 것은 내가 브라질에 온 뒤 처음이었다. 열흘 정도 짧게 머물렀지만 지금까지 본 적이 없었던 브라질을 만날 수 있는 기회였다. 기회가 된다면 내년에도 다시 들러 볼 생각이다.

최고 책임자인 주지사의 지도로 이곳 주 정부에서는 이미 수많은 정책들이 만들어지고 실천되고 있었다. 일본에서는 좀처럼 볼 수 있는 장면들이다. 이를 통해 나는 최고의 자리에 있는 사람이 누구인지에 따라, 그리고 민중의 의지를 얼마나 정치에 반영하는지에 따라, 정치 환경은 얼마든지 좋아질 수 있다는 것을 알게 되었다. 그리고 일본의 정치에 거부감을 보이기만 하고, 무관심한 행태를 보인 스스로의 태도를 반성한다. 앞으로는 포기하지 않고 더 적극적으로 정치에 참여할 생각할 것이다. 일본은 내가 태어나고 자란 나라다. 그러니 예전에 그랬던 것처럼 아무 생각 없이 살다가는 언젠가 후회할 게 틀림없다. 아마파 주는 나에게 신선한 정치적 충격이 되어 주었다.

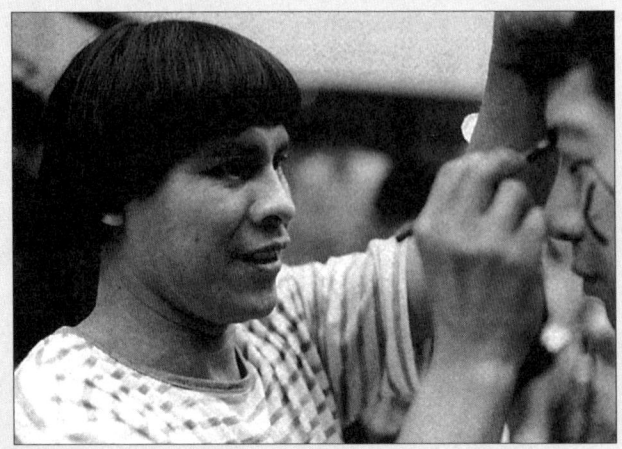

1995년 4월, 도쿄에서 RFJ 주최로 전시회 '아마존의 메시지'
를 열었다. 아마존에서 온 까마라가 참가자들에게 바디 페인팅
을 선사해 주었다.

바디 페인팅 후 참가자들과 함께 기념 촬영. 모두가 아마존의
숲을 느끼고 즐길 수 있었다.

1999년 4월, 브라질 인디오의 날을 기념하여 상파울루에 있는 〈영상소리박술관〉에서 메이나꾸전을 개최했다. RFJ가 기획한 것이다. 열흘간 약 3천여 명이 방문했다.

1999년 8월, 아마파 주에서 인디오 위원회와 회의. 이 지역에
서는 이미 화폐경제가 원주민들 사이에 퍼져 있었다.

브라질에 있는 〈뿌나이〉 본부.

공원에 놀러온 저자. 1999년 일본의 〈환경지원사업단〉의 조성
금으로 표범과 바꾸(남미의 밀림에 사는 물소의 일종) 보호 활
동을 실시했다.

새끼표범. 숲에서 어미를 잃은 새끼표범을 보호했다가 크면 숲
으로 돌려보낸다. 밀렵자들의 남획이 끊이질 않아 RFJ는 보호,
감시 프로젝트도 같이 지원하고 있다.

제 9 장

아마존의 전설과 만나다

좋은 여행 되세요!

1999년 8월 20일 밤, 나는 까라나로 가는 장거리 버스에 몸을 실었다. 정신없이 움직여야만 했던 이번 일정을 차분하게 뒤돌아볼 수 있는 절호의 시간이다. 먼저 돈 문제부터 시작해 본다. 나는 매번 사업 지원 자금을 현금으로 가지고 다닌다. 브라질에도 내 브라질 은행 계좌를 가지고 있기는 하지만, 일본에서 그 계좌로 돈을 입금하더라도 브라질 화폐인 레알Reals로만 출금할 수 있기 때문이다. 그것도 한 달 후가 될지, 두 달 후가 될지 알 수 없다. 게다가 세금도 내야 된다. 그러다 보니 총액이 몇만 달러에 이르게 되면 합법화된 블랙마켓 쪽이, 명세서는 없지만 환금률이 훨씬 더 좋다. 물론 세금도 낼 필요가 없다. 1999년 2월, 브라질 경제가 위기에 몰리고 인플레이션이 시작되면서, 달러를 현금으로 소지하고 있다가 그때그때 필요한 만큼 현금화시키는 쪽이 손해 보지 않는 길이기도 했다. 조금이라도 더 지원금을 알차게 쓰기 위해서는 다소의 위험은 감수할 수밖에 없다.

매번 나리타 공항까지 자가용으로 날 배웅해 주는 친구가, "변상해 줄 수 있는 금액이 아니까, 정말 잘 가지고 가야 된다"며 공항 화장실 안까지 들어와 허리에 현금 감는 것을 도와준 적도 있었다. 하지만 24시간 비행기에 타고 있으면 땀으로 지폐가 부풀어 올라 허리가 묵직해져서 영 부자연스럽다. 또 돈을 가지고 있다 보니 눈을 붙이고 싶어도 제대로 붙일 수가 없다. 이런 경험을 한 뒤부터는 돈을 가방 안에 넣되, 티가 나지 않도록 하고 다녔다. 하지만 언제, 어떤 일이 벌어질지 모르기 때문에 항상 발목에 가방 끈을 걸어 놓고 있다.

하지만 상파울루에 도착해서 겪을 일을 생각하면 그때부터 마음이 무거워진다. 세관에서 뭐라고 하면 어떡하나? 안 그래도 무슨 보따리상처럼 이런저런 지원 물품을 가지고 있는데다가, 커다란 짐을 밀차에 잔뜩 싣고서 덜컹덜컹 밀어 대는 모습은 사람들 시선을 끌기에 충분했다. 브라질에 입국할 때는 되도록 부자처럼 꾸미고, 감시관 앞을 일부러 아주 천천히 걸어가며, 미소 지으며 인사를 한다. 덕택에 지금까지 번잡한 일 한 번도 없이, 무사히 입국

심사대를 통과했다.

그래도 브라질리아에 도착할 때까지는 절대로 안심할 수 없다. 매번 빠울로가 공항으로 마중을 나와 주고 호텔까지 데려다 주고, 호텔에 도착하면 바로 사업별로 돈을 나누어 환금 준비를 시작한다. 블랙마켓에 따라 그날의 환율이 달라지는 경우도 있기 때문에, 최대한 여러 곳을 찾아다닌다.

브라질리아에서는 아랍인이 운영하고 있는 레스토랑이 환율이 제일 좋기 때문에 사전에 전화를 걸어 환전할 금액을 알려 준다. 몇 시에 오라는 대답을 들으면 택시로, 지정된 시간에 가게로 간다. 가게에는 큰 몸집에 두툼한 코를 가진 날카로운 눈매의 아랍인이 기다리고 있는데, 그가 안내를 하면 그 뒤를 따라 걸어간다. 가게 안쪽을 통해 소머리가 아무렇게 굴러다니고 있는 부엌을 빠져나가, 좁고 미로 같은 곳을 사다리를 타고 올라가면 꼭꼭 숨겨진 장소가 나타난다. 열 평도 채 안 되고, 창문도 없는 방 안에 책상하나와 알전구가 있을 뿐이다. 이곳에서 아랍인은 묵묵히 지폐를 세며, 몇십 장 단위로 지폐를 반으로 접어서는 노란 고무줄로 묶은 다음, 종이봉투 안에 던져 넣는다. 영화에 나오는 마피아들과 마약을 거래하는 것 같은 기분마저 든다.

처음부터 끝까지 굳은 얼굴로 말이 없던 주인도 모든 일이 끝나면 비로소 웃으면서 "오브리가두! 보아 비아젠 (Obrigado! boa viagen. 고맙소! 좋은 여행 되시오.)"이라며 악수를 청한다. 그와 헤어진 후, 바로 택시를 타고 다시 호텔로 돌아온다. 예전에 여러 명의 남자들한테 쫓겨 진땀을 흘린 적이 있기 때문에 호텔 방에 들어서기 전까지는 절대로 마음을 놓아서는 안 된다. 아랍인이 운영하는 가게가 암달러를 밀거래하고 있다는 사실을 아는 사람은 다 알고 있기에, 돈에 관해서만큼은 몇 번을 거듭해도 신경이 곤두선다.

일본의 민간단체 활동가들이 겪는 공통의 문제는 서류다. 일본의 행정기관에서 지원받은 돈을 쓰려면 영수증과 세부 항목에 걸친 갖가지 서류가 꼭 필요하다. 지원하는 입장에서는 당연한 일이겠지만, 특히 영수증에 대한 개념이 없는 제3세계 나라를 지원하는 때도 있기 때문에 상대방에게 설명할 때 아주 고생하게 된다.

"여기 눈앞에 물건이 있고, 그 물건을 돈과 바꾸는 데 도대체 뭐가 문제라는 거지?"

"증거가 필요해요!"

이렇게 말하면 대부분 상대방은 멍한 표정을 한다. 영수증이 왜 필요한지 이해할 수 없기 때문일 것이다. 그러다가 결국에는, "당신, 신용 없는 사람이야?" 하는 말을 듣기 일쑤다. 또 지원 대상인 상대방 국가의 A 행정기관이, 지원을 신청해 오는 다른 나라 B의 민간단체에게 어떤 물자를 얼마나 제공하고 있는지 알기 위해서 영수증 원본을 지원 대상국인 A 정부에 제출해야 할 때도 있다. 정말 바보 같은 이야기지만, 현지까지 지원 물건을 보낼 때, 이것이 도난품이 아니라 지원 물품이라는 증명을 하기 위하여 영수증과 물건을 함께 지참해야만 하는 것이다. 지원하는 쪽인데 어떻게 이렇게 귀찮은 일을 해야만 하는지 짜증나기도 하지만 어쩔 도리가 없다. 우선은 현지 주민의 입장에서서 그 사람들이 편하다면 그렇게 해야 된다고 스스로를 설득하는 수밖에는 도리가 없다.

재회

이번 첫 번째 방문지는 메이나꾸 족 부락이다. 까나라나에서 하룻밤을 보낸 뒤, 낡은 임대 트럭을 타고 해뜨기 전에 출발했다. 정글을 목장으로 바꾸어 버린 끝없는 풍경을 바라보면서 여섯 시간 가까이 트럭에 흔들리며 갔다. 중간에 커다란 개미핥기가 어슬렁거리며 차 앞에 나타났다가 기겁을 하고 도망쳤다. 마트그로수 주 남부 가우슈 드 노르찌라는 작은 마을에 도착한 후에야 가벼운 점심을 먹었

다. 당분간 돈이 지배하는 세상하고는 작별이다. 이제부터
는 화폐경제가 통하지 않는 지역으로 들어간다.

다시 차로 한 시간 정도 달리고서야 싱구 강의 원류 중
하나이며, 강 너비가 1백 미터 정도 되는 꾸리세부 강이
보이기 시작했다. 그곳에 메이나꾸 족 추장인 유무인의 장
남 에유까뜨와 차남 마야꾸찌가 마중을 나와 있었다. 2년
만에 다시 만난 것을 기뻐하는 것도 잠시뿐, 날이 저물기
전에 마을까지 도착해야 하기 때문에 바로 배로 옮겨 탔
다. 볼을 스치는 바람에 기분이 상쾌했다. 1년 만에 보는
싱구 강이다.

30분 정도 지났을까? "여기부터는 인디오 보호구역입니
다"라는 간판이 강에 떠 있었다. 자세를 바로 하고 양쪽으
로 펼쳐진 정글을 향해 손을 모아 이번 여행도 무사 안녕
하기를 기도했다. 이번에는 건기라서 수량이 적고 수위가
낮기 때문에 배에서 내려 강으로 들어가야 하는 곳도 있
다. 물살이 급하고 강바닥이 바위로 되어 있다 보니 생각
처럼 쉽게 걸을 수가 없었다. 나중에 젖은 옷을 입고 싶지
않은 마음에 팬티 하나만 달랑 걸치고 걷는데, 그런 내 모
습을 보며 인디오들이 웃었다. 그리고 바로 아마존 모기
'삐용'이 날아왔다.

"무꾸인 다음에 모기라……. 할 수 없지, 여긴 아마존이

니 포기하는 수밖에."

폭포를 지나면서 제법 주변 풍경을 보며 걷는 여유가 생겼다. 까삐바라(Capybara, 아마존 강 근처 물가에 사는 커다란 쥐. 현존하는 설치류 중 가장 크다.) 일가족이 물을 마시러 강가에 모이고, 모래사장에서는 악어 몇 마리가 떼를 지어 있었다. 색색의 새들이 하늘을 날아다니고, 작은 새들이 우리 배에 한참이나 앉아 있었다. 참으로 행복한 순간이다.

몇 년 전 처음 이곳을 방문했을 때, 싱구 인디오 국립공원 최남단에 있는 꾸리세브 감시 초소에 주재하던 메이나꾸 족 따마루이에게, 불법 침입자들에 의한 야생동물 남획이 얼마나 심각한지, 잡은 동물의 가죽을 벗겨 낸 후 사체를 그대로 강에 버려 강물을 얼마나 오염시키고 있는지를 들었다. 설마, 했는데 올해 배로 강을 내려가고 있을 때, 부패된 동물 사체를 직접 보고서야 그 이야기를 실감했다. 바꾸와 악어를 비롯한 진귀한 종류의 동물이 많았다.

"우리가 가진 시설이 없다 보니, 분하지만 그냥 당하는 대로 보고 있는 수밖에 없어요."

따마루이가 분개했다.

그해, 이 〈뿌나이〉 거점에 무선기와 태양열 발전기, 배, 엔진을 기증했다. 지금은 인디오 주민들이 바로 불법 침입자를 적발할 수 있는 공공 신분증명서를, 〈이바마〉(Ibama, 환경자원국)가 발행해 주고 있다. 나름의 기자재와 권리를 갖추게 되면서, 밀렵꾼들이 상당히 감소했다. 아무리 작은 일이라도 하나씩 대응해 나가다 보면, 반드시 상황을 호전시킬 수 있다는 사실을, 이 건을 통해 확신하게 되었다.

브라질리아를 출발한 뒤 사흘 밤낮을 달려, 비로소 메이나꾸 부락이 있는 강가에 도착했다. 이미 해가 저물고 있었는데, 여기서부터 다시 2킬로미터를 걸어가야 된다. 어두워지면 표범과 뱀이 나오기 때문에 발빠르게 걷기 시작했다. 메이나꾸 족은 194명으로, 추장은 유무인이다. 카리스마 넘치는 까야뽀 추장 라오니와는 달리 유무인은 사람 좋은 마을 이장님 같다. 실제로 마을 사람들도 전투적이기보다는 평온한 농경민족 같은 인상을 준다. 유무인의 동생 무나인이 주술사의 우두머리인데, 무나인 말고도 주술사가 세 명 더 있다. 여기에서는 대강 "아유슈빠이"를 외치면 모든 일들이 해결된다. "아유슈빠이"라는 말은 고마워, 괜찮아, 기쁘다, 즐겁다 등 긍정적인 의미를 갖고 있는데, 아주 좋다는 뜻이다.

2년 전에 열다섯 살이었던 유무인의 셋째 딸, 마힌은 8월에 여자애를 낳았는데, 그 아이의 이름을 '겐코'라고 지어 주었다. 일 년 동안 집에 혼자 머물던 넷째 딸 아쁘리나는 무사히 통과의례를 마치고 이름도 까와까니로 바꾸었다. 항상 내 주변을 맴돌던 다섯째 딸 꾸룬뻬는 밑에 몇 명의 꼬마들을 거느리게 되어서인지 기분이 좋아 보였다. 모두들 하나같이 반가운 얼굴들이다. 무엇보다도 이렇게 다시 만나게 되어 정말 기뻤다. 장녀 까이찌와 유무인의 부인인 따이랄도 오랜 여행의 노고를 위로해 주었다. 사람들이 내 주변에 울타리처럼 둘러서면서 너도나도 모두들 한마디씩 말하다 보니 주변이 시끌시끌해져서, "당분간 있을 테니까 천천히 얘기하자"며 흥분을 가라앉혔다. 주술사 수행을 시작한 셋째 아들 까누끼도 한층 더 용맹스러워졌다.

"너무 피곤해. 배도 고프고."

그랬더니 까이찌가 만디오까 고구마로 만든 갓 구워 낸 뚜꾸나레와 베주를 가지고 와 주었다.

"이제야 싱구 강에 온 것 같네. 정말 멀고 험한 길이었어."

아까까지 사람들이 그렇게 많았는데 어느 사이엔가 썰물처럼 빠져나가고, 넓고 넓은 유무인의 집에 해먹을 걸고 눕자 어느 사이에 잠이 들고 말았다. 밤에는 피리 부는 소리에 잠이 깨었다. 성인 남자가 부는 이 피리는 '자꾸이 Jacui'라고 하는데 여자는 소리만 들을 수 있고, 부는 사람의 모습을 절대로 보아서는 안 된다. 우주와 교신이라도 하는 듯한 음색, 이 세상 소리가 아닌 것 같은 소리다. 도저히 말로는 표현할 수 없는 음색이다. 조용히 피리 소리에 빠져들었다. 2년 전 이곳을 떠날 때 따이랄이 그랬다.

"당신의 이름을 받았어요. 아따와까입니다. '위대한 영혼'이라는 뜻을 가진 이름입니다. 당신은 오늘부터 우리 부족의 일원입니다."

너무 과분하고 훌륭한 이름에 어쩔 줄 모르고 있자 유무인이 말했다.

"내년에 마을에서 성대한 꾸아룹 축제를 열게 될 거야. 그때 초대할 테니 꼭 오너라."

나도 예전부터 꾸아룹 축제를 꼭 한번 보고 싶었던 터라 다음 해에 다시 찾아왔다. 꾸아룹 축제란, 이곳 싱구 강 상류 지역에 전해지는 마부쯔니 전설에 따라 행해진다.

죽은 자를 위한 축제, 꾸아룹

싱구 강의 창조주 마부쯔니는 죽은 자를 소생시키기 위하여 통나무로 죽은 자의 조각상 꾸아룹Kuarup을 만들었다. 그리고 그 나무에 새의 깃털과 채색을 하여 아름답게 장식한다. 그러고는 꾸루루 개구리와 뗀지꾸 쥐를 두 마리씩 불러 노래 부르게 했다. 마부쯔니 말고는 나무가 사람으로 변하는 모습을 보아서는 절대로 안 된다. 시간이 지나면서 꾸아룹에게 생명의 기운이 돌기 시작하면서 머리부터 조금씩 사람 꼴을 갖추어 나가기 시작한다. 완전히 사람으로 돌아오기 직전에 마부쯔니는 마을 사람들을 집 밖으로 불러내, "웃어! 웃어!" 외쳤다.

"오늘 밤이 지날 때까지 여자와 사랑을 나눈 남자는 절대로 집 밖으로 나와서는 안 된다!"

하고 말했다. 그랬는데도 여자와 사랑을 나눈 한 남자가 바깥에서 일어나는 일이 너무 궁금한 나머지 밖을 엿보고 말았다. 그러자 눈 깜짝할 사이에 꾸아룹은 원래의 나무로 변해 버렸다. 화가 난 마부쯔니는 그 후로 두 번 다시 죽은 사람을 살리는 일을 하지 않았다고 한다.

이 지역 부족들은 마을 사람이 죽으면 원형으로 세운 마을 중심에 있는 '남자의 집' 앞에, 땅 위로 20센티미터 정도만 남기고, 맷돌처럼 만든 작은 통나무를 틈새 하나 없이 빽빽하게 말뚝을 박는다. 그런 뒤 그 안에 죽은 자를 장사 지낸다. 주술사는 마라까스maracas라는 악기를 한 손에 들고 날마다, 죽은 자와 노래하듯 이야기를 나눈다. 주술사가 점을 쳐서 꾸아룹 축제 날짜와 시간을 정한다. 보통 3년에 한 번 정도 열리는데, 주변 부족들도 함께 초청한다. 1999년, 내가 처음으로 이 축제에 초대받았을 때는, 꾸이꾸루 족, 까마유라 족, 이아라뿌찌 족, 마티뿌 족, 까라빠로 족 등 다섯 부족에서, 총 5백 명에 가까운 사람들이 모였다.

숲에서 부락 중앙에 잠들어 있는 여섯 명의 사람 모양으로 통나무를 자른다. 죽은 자의 가족들이 온 마음을 다해 이 나무에 깃털 장식을 하며 아름답게 채색하는데, 너무 감격한 나머지 우는 사람도 있다. 마지막으로 '남자의 집' 앞에 한 줄로 서서 진흙 경단을 몇 개 차려 준다.

이 축제를 준비하는 일 또한 큰 행사다. 일주일 전부터 마을 사람들이 총동원된다. 남자들은 물고기 잡으러 나가, 잡은 물고기를 불침번을 서며 교대로 불을 지펴 훈제로 만든다. 여자들은 만디오까 고구마를 캐서 씻고 갈고 굽는 일에 전념한다. 여기에 메이나꾸 족을 더하면 한 번에 네 배 정도의 인구가 된다. 손님들에게 실례가 안 되도록 충분한 양의 식량을 준비해야 된다. 한 가지 목적을 향해 사람들이 서로 협력하며 무언가를 일구어 가는 과정은 참으로 즐겁고 활기차다. 모두들 생명력으로 반짝반짝 빛난다.

꾸아룹 축제는 일본의 추석에 해당되는 것으로, 죽은 자의 여행을 축하한다는 뜻도 지녔다. '남자의 집'에서는 여섯 부족의 주술사들이 주술 경합을 하느라 불꽃이 튀고, 한밤중에도 파란 불빛이 가물가물 타오르는 것이 보인다. 낮에 주술사들이, "자네도 주술사로 인정할 테니 동료가 된 증거로 이것을 피우라"기에 약초로 만든 담배를 돌려 피웠는데, 얼마나 강하던지, 한 번 연기를 빨아들인 것만 으로 눈앞이 빙빙 돌면서 환각처럼 여러 빛깔이 보이는 이 상한 상태로 빠졌다. 하지만 로마에 가면 로마법을 따르랬 다고, 감사하는 마음으로 주술사의 일원으로 참가하였다. 주술사 일동이 말했다.

"네게는 병든 사람과 어려운 사람을 도와주는 힘이 있으 니 열심히 하거라! 정령들도 너에게 힘을 빌려 줄 것이 다!"

그 말을 듣자 '지금보다 더 노력해야겠네…….' 하는 생각이 마음 한구석에 움텄다.

이렇게 많은 부족이 함께 만나는 일은 일 년에 몇 차례 안 되기 때문에, 이 축제는 정보 교류의 장이 되기도 한다. 추장인 유무인은 이 행사를 주관하는 주관자로 바삐 움직 이다가 틈을 내어 나를 찾아와서는, "각 장로들이 개인적 으로 너와 이야기하고 싶어하는데 부탁해도 될까?" 하고 물었다. 밤이 되자 사람 눈을 피해 장로들이 찾아왔다.

"메이나꾸 족은 굉장히 좋은 사람들이다. 그래도 우리 부족이 사는 곳에 꼭 한번 와 달라. 여러 가지 문제가 일 어나고 있고, 의논하고 싶은 일들이 많이 있다."

어두워서 얼굴은 보이지 않지만 그냥 목소리와 이야기

내용으로, "아아~, 꾸이꾸이 족 추장 아쁘까까랑 따바따구나."라는 걸 알 수 있었다. 그들의 사정을 모르는 것은 아니지만 내 입장에서는 싱구 강 전체 지역의 현황을 이미 파악한 뒤기 때문에, 거기에 맞추어서 이야기를 듣는다. 싱구 강 안에서의 부족 전쟁은 아직 수면 위로 드러나지는 않았다. 하지만 서로 마음에 안 들어하는 부족들은 분명히 있다. 옛날에는 어떤 부족의 일가친척이 살해당하면 원한을 가지고, 보이지 않는 곳에서 주술을 걸어 저주를 하기도 했다고 한다.

또 한 가지 특이한 것은, 이곳 주변에서는 사람의 똥을 거의 볼 수가 없다는 점이다. 토지가 넓기 때문에 사람 똥을 찾는 일이 쉬운 일은 아니다. 하지만 하류 지역에 사는 까야쁘 족 부락에서는 자주 볼 수 있다. 이유를 물어보자, "그걸로 주술에 걸려 죽는 사람도 있기 때문"이라고 했다. 이 지역에서는 남의 똥으로 저주를 거는 풍습이 있는 것이다. 그 이상의 설명은 어느 누구도 하고 싶어하지 않았다. 기본적으로 나는 문화인류학자처럼 꼬치꼬치 캐묻지는 않는다. 예전부터 이런 종류의 학자들은 인류학의 보고인 싱구 강에 조사를 나와서는 사람들이 귀찮아할 정도로 캐물으면서 버틴다.

"너무 지독하게 물어봐서 거짓으로 대답해 줬다."

무나인은 아무렇지도 않게 그런 소리를 했다. 그래서 나는 상대방이 스스로 자신들의 습관에 대해 말하지 않는 이상 물어보지 않는 편이다. 그들 처지에서는 외지인들에게 알리고 싶지 않은 것들도 많을 것이기 때문이다. 함께 살다 보면 그대로 모든 것이 좋아진다. 특별하게 그들의 생활을 알고 싶다는 생각도 없다.

원래 주술사들이 일하는 현장이나 치료하는 곳은 외지인들은 볼 수 없다. 하지만 일부러 나에게 가르쳐 주러 오기 때문에 갈 수밖에 없는 때도 있다. 그래서 "외지인이 보는 것은 자네가 처음이야."라는 말을 자주 듣는다. 그리고 가끔씩 조언을 청하는 때도 있는데, 생사가 걸린 문제일 때는 긴장하게 된다. 항상 있는 그대로의 자신을 보이지 않으면 믿어 주지도 않거니와 잔머리나 속이는 마음이 있으면 인디오들은 바로 알아차려 버린다. 도쿄에 있을 때는 자신의 속을 드러내지 않은 채 겉으로 사람들을 대할 수 있지만 여기에서는 그렇게는 안 된다.

꾸아룹 축제가 시작되었다. 사람들은 먹고, 마시고, 이야기하고, 울고, 웃고, 노래하고 춤추며 떠들었다. 그렇게 사흘 밤낮으로 계속한다. 마지막 최고 정점에 달하면 씨름과 레슬링을 섞어 놓은 것 같은 우까우까Huka-Huka 경기에 모든 남자들이 참가한다. 각 부족의 우승 후보는 이 날을 위해 금욕 생활을 해 왔다. 매일같이 약초를 마시고 뱀 기름을 몸에 바르며, 여자들과의 사랑을 금지당하고 생선 말고는 다른 고기를 먹을 수 없다. 남자들은 경기에 임하기 전에 '태어太魚'라는 물고기의 이빨 수십 개를 이은 물건으로 손과 발을 긁어 피를 낸다. 태어는 피라니아보다 날카로운 이빨을 가진 물고기다.

처음에 여섯 부족의 주술사들과 장로가 죽은 자의 본을 뜬 꾸아룹 앞에서 입을 다문 채 한참 동안 네 발로 기어 다닌다. 이제부터가 본격적인 행사의 시작이다. 이름이 불린 사람은 광장 중앙으로 나와 서로 마주 보고 활쏘기 자세를 취한 후, 과장된 호흡을 하면서 원을 그려 가며 춤추듯 큰 소리를 내는데, 그것이 끝나면 비로소 씨름이 시작된다. 상대방의 허벅지 안쪽 부분을 먼저 땅에 닿게 하는 쪽이 이긴다.

처음에는 한 조씩 시작하지만 경기가 진행되는 동안에 여기저기에서 한데 엉켜 씨름을 하기 시작한다. 몇백 명의 사람들이 흙먼지를 일으키며 진지하게 싸우는 모습은 소름이 끼칠 정도로 엄청난 힘을 가지고 있다. 주술사와 장로들이 심판을 보고, 마지막으로 최후의 승자가 결정된다. 인디오들에게 이 의식은 상당히 중요한 의미를 갖는다. 승리를 거머쥔 최후의 승리자는 장차 이 지역의 우두머리로 성장해 나갈 확률이 많기 때문이다.

정글에서는 현명한 것만으로는 사람들 위에 설 수 없다. 반드시 강인한 육체를 더불어 가져야만 비로소 인정받는다. 눈부신 파란 하늘 아래에서 검붉은 흙먼지가 인다. 젊은이들은 눈이 에일 만큼 새빨간 빛깔의 우루꿍(Urucum, 잿가루와 섞어 염료로 쓴다.)과 노란색 꾸아루삐, 그리고 검정색 자니빠뽀로 바디 페인팅을 한다. 금방이라도 터질 것 같다. 싱구 강 인디오들에게 이 세 가지 빛깔이야말로 그들의 세계관을 상징하는 것이다. 빨강은 핏빛을 나타내며, 동시에 악마와 귀신들에게 보호받는다는 뜻을 지녔다. 또한 삶과 생명력을 나타낸다. 검정은 죽음을 의미하며, 대지를 나타낸다. 노랑은 태양을 나타내며, 빨강과 검정, 즉 생과 사를 이어 주는 전능함을 의미한다.

그들은 이렇게 1만 년이 넘는 시간 동안 이 의식을 이어 왔다. 전설은 시공을 가로지르고, 지금 여기에 존재하며 숨 쉬고 있다. 이러한 세계가 아직 지구에 남아 있다는 경이로움과 기쁨으로 온몸이 떨렸다.

외지인이 이 신성한 의식에 참가하는 일은 사실 거의 불가능한 일로, 이때는 우리들을 포함해 이 부족과 친한 몇 명의 브라질 사람들이 메이나꾸 족의 초대를 받았기 때문에 가능했다. 그때 나는 왜 그랬는지 이유는 모르겠지만,

이 축제를 가까이에서 보면 안 될 것 같은 느낌이 들었다. 그래서 이 신성한 모임을 멀리서 지켜보았다. 부락을 한눈에 바라볼 수 있는 지점에 서 있었는데, 갑자기 여섯 개의 황금빛 기둥이 하늘로 치솟는 것이 아닌가! 마치 커다란 용처럼 보이는, 구름 같은 것이 광장을 한 바퀴 크게 돌고는 감사 인사와 함께 하늘로 올라가는 것을 보았다. 늘 겪는 일상적인 일이 아니었기에, 나는 내가 흥분 상태에 빠져 환각 증상을 일으켰는지도 모른다고 생각했다. 그래서 축제가 끝난 후 무나인에게 물었다. 그러자 무나인은 빙긋 웃으며, "너도 봤구나?" 하며, 아무렇지도 않게 말했다.

우까우까도 무사히 끝나고, 마지막으로 이 기둥을 모두 함께 짊어지고 강으로 옮긴다. 그 뒤에는 어떤 사람의 입에서도 죽은 자의 이름이 나와서는 안 된다. 한번 길을 떠난 사람은 다른 세상에서의 역할이 있기 때문에 함부로 이름을 불렀다가는 산 자의 뒷덜미를 잡아채 나쁜 일이 일어나기 때문이다. 길고 긴 꾸아룹 축제가 끝나고 초청받은 부족들은 각자의 부락으로 돌아갔다.

개발이라는 이름의 방화, 케마다

그로부터 2년 뒤, 난 다시 메이나꾸 마을에 왔다. 지난번과 달리 이번에는 다른 부족은 없었다. 마을 사람들이 예전처럼 내 행동 하나하나에 일일이 신경 쓰지 않는 것은 편했지만, 대신 병에 걸리면 하나같이 나를 찾아와 도움을 청하는 것은 문제였다. 하물며 주술사까지 찾아왔다.

"의사 역할까지 하는 주술사가 왜 나를 찾아오죠?"

이렇게 물었다.

"다른 사람들은 고치겠는데, 내가 내 병을 고치려니까 그게 영 힘드네. 두통이 심한데 한번 봐 줄래?"

마을을 한 바퀴 돌기라도 하는 날에는 여기저기에서, "겐코, 우리 애가 열이 나는데 한번 봐 줘.", "우리 할머니가 가슴이 아프대." 등등 쉴 틈이 없다. 짜증은 나지만, 그렇다고 싫다고 할 수는 없다. 나름대로 대응하기는 하는데, 그래도 여기저기에서 환자들이 지나치게 많이 나타났다. 이상한 생각에 원인을 찾아보다가 한 가지 기막힌 사실에 부딪쳤다. 목장 조성을 위한 케마다(Quemada, 정글 연소) 때문이었다.

9월 말, 마지막 건기에 들어서면 백인 목장주들은 필사적으로 정글을 불태운다. 우기에 들어서면 비가 내려 불을 놓기가 어려워지기 때문에 지금 하지 않으면 큰일이라도 난다는 듯이 필사적으로 정글에 불을 지르는 것이다. 작년 이맘때, 불이 싱구 지역의 20킬로미터 눈앞까지 왔다. 강력한 주술사 세 명이 나흘 밤낮을 가리지 않고 하늘에 기도를 올리자, 바람의 방향이 바뀌면서 비까지 내려 화재가 진화되었다는 뉴스가 신문에 실렸다. 올해도 그것에 가까운 상황이다. 날씨에 따라서는 마을에서 겨우 10미터 떨어진 곳에서도 연기가 피어 올라, 마치 커다란 모닥불 속에 있는 것처럼 목이 아프고 기침이 멈추지 않는다. 나 역시 이런 경험은 처음이었다. 정글과의 경계가 모호할 만큼 탁해진 잿빛 하늘 위에서, 한 주먹도 안 되는 작디작은 태양이 새빨갛게 불타오르고 있었다.

몸이 약한 사람, 나이 든 사람, 어린아이들은 새빨간 눈으로 콧물까지 흘리며 콜록콜록 기침을 해댔다. 이 마을은 원주민 보호구역으로 개발이 금지된 지역이다. 그러니 화재의 원인은 외부에 있는 것이 분명한데도 수십 킬로미터, 수백 킬로미터 떨어진 곳의 화재 영향을 받아, 바람의 방향에 따라서는 며칠씩 이런 상태를 견뎌야 한다. 그 화재 때문에 마을 사람들의 건강이 급속도로 악화되기 시작했다. 참기 어려울 정도로 화가 났다. 아무 죄도 없는 사람들이 개발의 희생자가 되어 고통 받아야 한다니, 참으로 이상한 이야기가 아닌가!

장로를 비롯하여 이 마을 전체의 의료를 담당하고 있는 까마벨로에게, "브라질로 돌아가면 바로 흡입기와 태양열 발전기 사서 우리 마을에 기부해 달라"는 부탁을 받았다.

하지만 그런 것은 다만 마음의 안정을 도와주는 정도일 뿐이고 아마존 전체의 공기가 깨끗해지지 않는 이상 해결되지 않을 것으로 보인다.

도시에서는 '글로벌리제이션'이니 '지구를 살리자'는 말들이 넘쳐나고, 실제 광고 문구로도 많이 쓰인다. 하지만 말만 무성할 뿐, 사람들을 행동으로까지 끌고 가지는 못한다. 국제 간 자연보호 조약은 각국의 이해가 대립되어 손발이 맞지 않고, 지지부진하게 진전을 보지 못하고 있다. 고작해야 선진국의 이해에 근거하여 모든 것이 결정되어 갈 것이다.

브라질에서도 1992년 〈리우정상회의〉 이후, 일본뿐만 아니라 상당수의 유럽 민간단체들이 아마존 보호를 위하여 브라질에 사무실을 열었다. 하지만 1990년 이후 동구권이 와해되고 경제가 어려워지자 한치의 망설임도 없이 바로 짐을 싸서 동유럽을 지원하기 위해 가 버렸다. 이곳 싱구 강에서도 브라질 민간단체인 〈이사(ISA)〉와 에스꼬라 빠우리스따 의과대학, 그리고 우리 같은 작은 국제 민간단체, 이렇게 삼자가 끊임없이 다양한 지원 활동을 조금씩이라도 계속하고 있지만 개발이라는 이름의 괴물을 상대하기에는 역부족이다.

불타 버린 정글 이곳저곳에 나무를 심기는 하지만 다음

해가 되면 또 어딘가의 숲이 불타 버린다. 물귀신에 홀린 것처럼, 소용도 없는 작업을 끝없이 하는 것 같아 서글퍼진다. 하지만 이것조차 그만둬 버리면 사태는 더욱 악화될 것이다. 마음속으로 '절대 지지 않을 거야!' 하고 다짐했다.

나 역시 기침이 나오기 시작하더니 하루 종일 멈추지 않았다. 이대로 두면 병이 악화될 것이다. 아무리 나라고 해도 기관지염이나 폐렴에 걸리지 말란 법이 없다. 그나마 나는 한두 달이라도 이 마을을 떠나 살 수 있지만 원주민들은 도망갈 곳도 없다. 이렇게 올해도 아마존 열대림은 불태워지고, 오존층은 더욱 줄어들며, 세계 여기저기에서 기상이변은 점점 심각해지고 있다. 어리석은 인류의 마지막이 염려된다. 정말 신이 있어서, 이 '우주의 진리를 모르는 사람들'을 지구에서 쫓아내지 않는 이상, 해결책은 결코 찾을 수 없을 것이다.

아마존에서 정글이 불태워지고 있는 같은 시기, 파리와 뉴욕에서는 눈부신 패션쇼가 열리고 인터넷 페이지뷰는 천문학적인 숫자로 올라가며, 사람들은 집에 가만히 앉아서 세계 각국에서 생산된 정보와 물건을 배달받는다. 그런가 하면 코소보에서는 어른들 세계에 휘말린 어린아이들이 죽어 가고 있다. 이 모든 것들이 같은 별에 살면서도 모두가 따로 떨어져, 나와는 상관없다는 듯 착각하면서 살고 있기 때문에 생기는 일들이다.

우리는 지구에서, 이 육체라는 그릇을 떠나서는 살 수 없다. 언젠가는 우주 정거장이 현실이 될지도 모른다. 하지만 지금으로서는 이 3차원의 세계를 넘어서기는 어렵다. 영국의 산업혁명 이래 약 2백 년 동안, 인류는 과학기술을 구사하여 수많은 진보와 발전을 이루어 왔다. 그 은혜가 얼마나 큰 것인지는 충분히 이해하고도 남는다. 하지만 천연자원의 유한성을 생각하지도 않고 경제 우선의 논리에 따라 개발을 해 온 빚이, 21세기를 눈앞에 둔 지금, 오만방자한 인류 앞에 가로막고 서 있다.

당장 현실적인 문제로 원자력 개발을 필두로 한 핵 보유국들의 향후 선택, 다이옥신과 복합 오염이 생물에 미치는 환경 호르몬의 영향…… 등 찾으려고 마음만 먹는다면 끝이 없다. 또 정신적인 면에서도 많은 사람들이 마음 둘 곳을 잃고 불안해하다 보니, 원래대로라면 필요하지도 않은 심신 치유자들과 영성 안내자 같은 것이 직업이 되는 시대이기도 하다. 모래 위의 성 같은 문명사회를 아무도 이상하다고 생각하지 않는 것일까? 아니, 설령 알 듯 모를 듯 알아차렸다 하더라도, '집 대출금도 있고, 지금은 양육

비도 많이 드는데……. 여기저기에서 많은 일들이 일어나 기는 하지만, 설마 나한테까지 올까? 하며 마음 한구석에 서 안이하게 생각하고 있는 것은 아닐까?

아무도 이 지구상에서 산소가 없어질 것이라는 것은 상 상도 하지 않거니와, 그런 일은 절대로 일어나지 않을 것 이라고 생각한다. 하지만 생각해 보자. 산소가 없어진다면 인간은 3분 안에 죽음에 이르게 된다. 여러 가지 요소가 있지만 아마존 정글은 이 산소를 만드는 데 큰 역할을 담 당하고 있으며, 실제로 세상에 있는 산소의 3분의 1을 만 든다. 그 정글이 매년 1천7백만 헥타르씩 사라져 가고 있 다. 그 결과가 어떻게 될지, 우리는 이미 충분히 알고 있 다. 가까운 장래, 이 산소를 돈 받고 파는 날이 반드시 올 것이다. 몇 년 전만 해도 돈을 내고 물을 사 먹을 것이라는 생각은 누구도 하지 않았다.

최근 이곳저곳에서 '치유'라는 말을 자주 듣는다. 그리 고 '치유에 사용되는 물건'이 셀 수 없을 정도로 많이 다 양한 형태로 팔리고 있다. 이러한 상품 가운데 인기 상품 인 '크리스털(수정)'이 어디에서 오는지 모르는 사람도 있 을 것이다. 브라질은 유명한 크리스털 산지로, 이것을 캐 내기 위하여 정글이 파괴되고 있다. 그리고 결과적으로 수 많은 야생동물이 살해되는 과정을 거친 끝에 크리스털은 문명인의 손에 도착한다.

그런 과정을 거쳐서 온 물건을 몸에 지니고도 정말 치유가 된다고 믿을 수 있을까? 이것이야말로 선진국에 사는 사람들의 이기심 그 자체. 원주민들도 크리스털로 병을 치료하는 경우가 있다. 하지만 원주민들에게 크리스털은 주술사가 조상 대대로 보물로 간직해 내려온 신성한 도구이기 때문에, 함부로 파내지 않는다. 자연과 공생해 온 원주민들의 생활을 얼핏 엿본 것만으로, 그 깊고 깊은 가르침과 지혜를 이해하지도 못한 채, 그저 겉모습만 흉내내려는 얄팍한 문명인들이 불쌍할 지경이다.

인간은 무엇으로 사는가?

이곳에 와서야 나는 인류의 존속이 얼마나 위태로운지 알게 되었다. 사람들은 문명이라는 미로에서 길을 잃고 오락가락하며, 그 가운데 뜻있는 사람들이 미래를 위해 무엇을 선택해 나갈 것인지 방법을 모색하고 있다.

나는 미래로 향하는 올바른 방법에 관한 열쇠를 우리가 '원주민'이라 부르는 사람들이 가지고 있다고 생각한다. 지구가 궁지에 몰렸을 때, 살짝 이 열쇠를 열어 활로를 가르쳐 주고 있는 듯한 생각이 드는 것이다. 지금이야말로 한 사람 한 사람이 진심으로 자신으로 돌아가, 무엇을 위해 이곳에 존재하며, 무엇을 우선으로 생각하고 행동해야할 것인가에 대한 결단을 내려야 할 때라고 믿는다. 그렇지 않으면 모두 나락을 향해 달려갈 수밖에 없을 것이다. '자신으로 돌아간다'는 것이 말은 쉽지만, 사실 자신이 누구인지 모른다면 방법이 없다. 나 또한 특정 시기의 '나'라는 존재가 새겨지는 것은, 다른 사람과의 관계에서 비롯된다는 것을 알고는 두려워진 적이 있다. 그렇게 내가 어떤 존재인지에 확신을 갖지 못하고 두려워하다가 결국 자살이라는 극단적인 선택을 하기도 했다. 그리고 운 좋게 목숨을 건진 뒤에 나 자신을 똑바로 바라볼 수 있게 됐다. 또한 내가 먼저 존재해야 모든 것이 존재한다는 사실을 알게 되었다. 가족도, 친구도, 사회도, 모두가 주변이며, 어디까지나 중심은 자신이다. 중심이 의지를 가지고 행동할 때, 비로소 모든 일이 시작된다.

한 사람 한 사람이 모두 똑같다. 자신을 키워 나가는 중요한 시기인 유아기부터 사춘기 사이에, 일본 사회는 오히려 개인을 죽이는 힘이 강하다. 여러 가지 이유에서 아이들은 어머니의 냄새와 따뜻함을 모르고 자라는 경우도 있지만, 초등학교에 다닐 즈음에는 본인이 원하는 것과는 별개로 대부분 부모들의 바람대로 이것저것 배우며, 학원에서 학원으로 돌다가 하루해가 저물고 있다. 부모는 주변과 비교하며, '상식'이라는 범위 안에서 벗어나는 행동을 아이가 일으키지 않고 '남들처럼' 또는 '사람들한테 무시당하지 않도록'이라던가 하는 기준을 아이에게 들이댄다. 눈에 보이지 않는 막연한 '세상'의 기준, 누가 만든 것인지도 모르는 가치관의 기준에 따라 아이들과 함께 자신을 구속한다. 어쨌든 일본의 부모들은 아이를 자신의 소유물로 여긴다. 아이의 성장을 지켜보는 게 아니라 '세상의 가치관이라는 잣대'를 가지고, 그곳에 아이를 맞추어 나가려는 경우가 많은 것 같다.

일정 시간 안에 정해진 일을 해내는 힘을 가지고 있는 아이들을 우등생이라고 한다. 그리고 우등생이 얼마나 훌륭한지, 상을 줘서 증거로 남긴다. 아이들의 성장은 개개인이 모두가 다른데, 특정한 시기에 그 내용에 별로 재미없어하던 아이가 나중에 자신에게 특별한 능력이 깃들어 있다는 것을 알았다면 어쩔 것인가. 그 아이에게 우등생인 아이를 칭찬하는 현실은 받아들이기 힘들 것이다. 그 결과, 우등생 순위에서 영원히 굴러 떨어진다.

언젠가 아이한테서 뛰어난 재능이 불쑥 솟아오를지도 모른다. 그런데도 좋은 고등학교, 좋은 대학, 대기업 취직으로 보이지 않는 길을 만들어 놓고 그것만이 '너를 위한 길'이라고 내모는 부모는 그런 가능성을 알아보지 못한다.

아이는 그저 강요당할 뿐이다. 아마 부모의 깊은 잠재의식 어딘가에 자기 자신에 대한 좌절감과 자신이 이루지 못한 것을 아이가 대신 이뤄 달라는 기대가 깃들어 있는 건지도 모른다.

나에게도 아들아이가 있다. 아들이 어렸을 때, 나도 모르는 사이에 다른 아이들과 비교하며 "이런 것 하나 제대로 못하고 내가 정말 이런 바보를 낳았다니 믿을 수 없어!" 하며 아이를 꾸짖은 적이 있다. 하지만 곰곰이 잘 생각해 보면, '나와 남편 사이에 태어난 아이인데, 이 정도가 정상 아닌가?' 생각하자 희한하게 납득이 되기도 했다. 그렇다면 이 아이의 개성이 쑥쑥 크도록 돕는 것이 서로에게 행복하다는 생각이 들었다. 그때부터 난 아이의 자주성을 존중하도록 마음을 다지고 있다. 이것이 성공했는지 어떤지는 별개 문제라고는 해도, 지금도 나는 아들과 친구처럼 진심으로 이야기를 주고받을 수 있다.

자기 성장을 대하는 태도만 보더라도, 우리 사회보다 인디오의 사회가 본래의 인간성에 더 잘 맞는다. 인디오 사회에서 태어난 아기는 두 달 동안 엄마와 둘만의 시간을 보낸다. 집 한쪽 구석을 두 사람만을 위한 공간으로 만들어 놓고, 엄마의 식사는 가족들이 협력해서 날라다 주며, 엄마는 오로지 육아에만 전념한다. 아기는 안심하고 엄마의 품을 기억한다. 두 달이 지나면 이번에는 부락 전체가 키우는 부족의 아이로, 모두가 애정을 쏟아 준다. 여러 사람들의 충분한 손길을 받기 때문에 사람을 가리거나 신경질적으로 울지 않으며, 인디오의 아이들은 하나같이 편안하고 천진난만하게 잘 웃는다. 두 살이 되면 아이들만의 세계에서 많은 것을 배운다. 열 살 정도쯤 되는 아이는 행동 범위 안의 성글에서 어떻게 놀 것인지, 자기보다 어린 동생들에게 가르친다. 어른들은 아이들의 일에 참견하지 않고 멀리서 지켜본다. 일정한 해가 되면 남녀 모두 어른이 되기 위한 힘겨운 통과의례를 한 사람씩 맞이하고 자기 자신과 대면하게 된다. 하지만 올바른 길을 걸어왔기 때문에 대부분의 사람들은 본연의 자기 자신으로 살아가는 법을 체득하게 된다. 쓸데없는 경쟁도 하지 않고 각자의 개성을 잘 살려 나간다. 우리들 문명인은 아이가 어른이 되면 사회를 만들어 나가는 데 아주 당연한 이런 중요한 사실을 잊어버리고 있는 것은 아닐까?

메이나꾸 족에게는 '자연'이라는 말도, '행복'이라는 말도 없다. 필요하지 않기 때문이다. 아마존의 자연 이외의 환경도, 불행이라는 감각도 모른다. 메이나꾸 족의 삶은 어디까지나 단순함 그 자체이며, 남녀의 역할 분담이 확실하게 구분되어 있다. 이는 싱구 강 전역에 통하는 것이기도 하다.

여자들은 날이 새자마자 물을 길러 왕복 4킬로미터의 길을 오간다. 이런 작업은 하루에 몇 번씩이나 거듭된다. 커다란 항아리에 물을 긷고, 그 물이 흘러넘치지 않도록 항아리를 나뭇잎으로 덮은 뒤 머리에 이고서는, 양손에 아기를 안거나 물건을 들기도 한다. 물의 무게는 몇십 킬로그램이나 될 정도로 무겁다. 시험 삼아 나도 손으로 들어 올리려고 해 보았지만 머리에 이는 데까지 가지 못하고 결국 포기하고 말았다. 그렇게 길어 나른 물은 소중하게 사용된다. 수도꼭지만 돌리면 물이 나오는 문명사회에 사는 사람들은 모르는 물의 고마움을 온몸으로 느낀다. 그래서 함부로 쓰지 않고, 먹는 물로 대부분을 이용한다.

물 긷기가 끝나면 쉴 틈도 없이 아침에 먹을 만디오까를 굽는다. 아침을 먹고 나면 다시 고구마 밭으로 나가 고구마를 캐서 껍질을 벗긴다. 그 사이에 흙을 다져 토기를 만들거나 물풀의 뿌리로 소금을 거르는 작업을 한다. 부엌은 집 안채에 있는데, 기둥과 지붕만 있는 소박한 곳이다. 이곳에서 어린 여자애들도 엄마가 일하는 모습을 보면서 흉내내고 기억하며 일손을 거든다. 여자들은 하루 종일 무더위 속에서, 정말 열심히 일한다. 별 것도 아닌 일에 웃으며, 이런 사람들 틈에 끼인 것만으로 절로 마음 따뜻한 기뿜을 느끼게 된다.

남자들은 사냥을 나가거나 집을 짓는데, 그나마 매일 하는 일도 아니다. 그래서 거의 대부분의 시간은 '남자의 집'에 퍼져서 지낸다. 여자들과 대조적으로 게을러 보이지만, 나는 이곳에서 커다란 발견을 하였다. 남자들이 열심히 일하지 않는 사회야말로, 평화롭고 행복하다는 사실이다. 남자들이 머리를 잘못 써서 자기 합리화로 무장한 이론으로 쌓아 올린 세계가 현재의 문명사회이며, 모든 왜곡된 것들이 현실로 나타나 엄청나게 균형이 깨져 있다. 여자들은 대지에 뿌리를 내리고 아이를 낳고 기르며 직감적으로 사물에 대해 판단하며 행동을 해 나가는 과정에서 결단을 내린다. 이것이 세상의 도리에 맞는 일이며, 실수가 적다. 나는 진실로 남자들이 여자의 손 안에서 낭만을 쫓으며 소년 같은 마음을 잃지 않으며 살아가기를 바란다. 지금은 여성성이 요구되는 시대다. 물론 다른 의견을 가진 사람도 있을 것이다. 그렇다면 이 세상 우수한 여성들에게 주도권을 갖게 해 주면 어떨까? 적어도 지금 세상보다는 훨씬 더 평화롭고 제대로 된 사회가 될 것이란 것을, 나는 믿는다.

시간 개념이 우리가 사는 세계와 전혀 다른 메이나꾸 부락에서는 이 계절이 되면 물에 대한 감사의 의미를 더해

물의 정령 '아뚜주와'와 '샤뿌꾸이아와'가 온 마을의 집들을 빠짐없이 돌아다닌다. 이때 정령 역할을 맡은 사람은 야자나무 잎으로 만든 덮개로 온몸을 푹 감싼다. 그 덮개를 뒤집어 쓴 순간 마치 다른 사람이 빙의된 것처럼 변해 버린다. '아뚜주와'는 모든 이야기를 피리 소리로 사람들에게 전하는데, 신기하게도 마을 사람들도 그가 무슨 말을 하는지 이해하고 있는 것 같다. 두 정령은 먹을 것을 요구하는데, 그 과정에서 선문답 같은 것이 이루어져 상당히 흥미롭다. 내가 머무는 곳에도 '샤뿌꾸이아와'가 왔기에 브라질에서 사 온 비스킷을 줬더니 더 달라고 해서 몹시 곤란했던 기억이 있다. 정령도 진기한 것들을 좋아하나 보다. '남자의 집' 앞에서는, 악령을 쫓는 와샤항 의식이 시작되었다. 따마루이의 동생이 악령에게 홀려 두통이 멈추지 않자 유무인과 무나인이 이 정령에게 나쁜 짓을 하지 말아 달라며 부탁하면서 춤추고 노래한다. 몇 개의 차원이 현실계인 3차원과 동시에 존재하는 이 세계에 오랫동안 살다 보면 자신의 육체가 보내는 파동에 예민해지면서 오감이 고양되고 처음으로 육감이 싹트는 것을 느낄 수 있다.

고마운 사람들

이 부족을 처음 방문했을 때 유무인이 이렇게 말했다.

"겐코가 소문으로 듣던 것과는 전혀 다르다는 것을 함께 살면서 알게 되었다."

깜짝 놀라서 무슨 뜻이냐고 물었다. 까빠라 족이 사는 곳에 온 텔레비전 코디네이터인 일본계 남성이 그랬단다.

"겐코는 인디오를 희생시켜 돈을 벌고 있다."

이 말을 듣고 온몸의 힘이 빠져 나는 그 자리에 주저앉아 버렸다. 전 재산이라고 하기에는 얼마 되지 않는 돈이지만, 그것을 전부 털어 오로지 인디오와 아마존의 자연을 생각하며, 365일 단 하루도 인디오를 생각하지 않은 적이 없을 만큼 일을 계속해 온 결과가 이런 것인가! 비참하고 허무해져 눈물이 멈추지 않았다. 남들 시선을 아랑곳하지 않고 목 놓아 우는 나를 보고 있던 인디오들이 당황하여 변명했다.

"그것을 잘못 이해하고 받아들였다는 뜻이 아니라, 그 말이 거짓말이라는 사실을 알았기 때문에 말한 것이다."

이야기인즉 이랬다. 싱구 강 지역을 취재하려는 일본의 텔레비전 방송국은 대부분 RFJ에 연락해 온다. 하지만 가끔 브라질에 있는 코디네이트 회사에 직접 의뢰하는 경우도 있다. 치외법권 지역인 원주민 보호구역에 들어가기 위해서는 〈뿌나이〉의 허가증 없이는 불법 행위가 된다. 이 허가증을 〈뿌나이〉가 먼저 내주는 일은 없다. 일본의 텔레비전 방송국에 따라서는 4, 5일간의 단기 취재라면 아무도 모를 것이라며 무단으로 취재하는 곳도 더러 있는 것 같다. 행정 제도는 한 번이라도 무시하면 돌이킬 수 없기 때문에 나는 브라질 입국 비자를 신청할 때 반드시 정당한 절차를 밟는다.

먼저 인디오 보호구역 체재 허가증을 〈뿌나이〉에 신청하면 나중에 심사 결과가 나온다. 이때, 현지 주민인 인디오들의 동의가 반드시 필요하다. 이 동의서를 복사본이 아닌 원본으로 일본에 있는 브라질 영사관에 제출해야 비로소 비자가 발급된다. 비자 항목에 '인디오 지역 방문'이라고 써 있는데, 아마 나를 위해 일본에서 만들어 준 것이 아닌가 생각된다. 이런 절차가 귀찮다며 RFJ를 무시하고 브라질에 있는 텔레비전 코디네이트 회사에 일본 방송국이 취재를 의뢰한들, 〈뿌나이〉를 거치지 않으면 입국할 때 걸리게 된다. 싱구 지역 취재인 경우에는 〈뿌나이〉에 있는 싱구 지역 책임자에게 연락이 들어간다. 당시 싱구의 책임자였던 야누꾸라가 빠울로에게 전화를 걸었다.

"어떤 일본 텔레비전 방송국이 RFJ를 통하지 않고 싱구 강 취재 허가를 신청하고 있는데 어떤 방송인지 겐코에게 조사를 의뢰해 달라."

그러면 그날 중으로 빠울로가 나에게 연락을 해 와 방송국과 연출자의 이름을 근거 삼아 그들을 찾아낸 뒤, 담당 연출자에게 먼저 설명하고 이렇게 말했다. "흥미 유발이 목적이 아니라 인디오를 위한 다큐멘터리 같은 진지한 취재라면 협력하겠다"고. 그리고 원주민 문제를 취급하는 것이니 각오는 단단히 해 달라고 했다. 그러자 "이번 일은 없던 일로 해 달라"는 대답이 돌아왔다.

이 일본계 코디네이터 입장에서는 현지 촬영까지 하는 커다란 일감이 들어올 예정이었는데 겐코라는 인물이 방해를 해서 어렵게 잡은 일감을 놓쳤다고 생각하게 된 것이다. 그 분풀이로 있지도 않은 사실을 만들어 내어 인디오들에게 일러바친 것이다.

예전에 방송국의 총 책임자 역할을 맡아 두 명의 텔레비전 연출자와 함께 싱구 강 지역 취재를 안내한 적이 있다. 그때 만난 두 사람의 연출자 모두, 보기 드문 인간미를 가지고 있었다. 인디오를 진심으로 대했으며, 정말 좋은 프로그램을 찍을 수 있었다며 고마워했다. 일이 끝났어도 한 사람은 아직도 무슨 일이 있을 때마다 지원금을 계속 보내주고 있고, 또 한 명은 좋은 친구가 되었다. 친구가 된 연출자와는 두 번이나 함께 정글 생활을 한 인연까지 있다. 브라질 현지에 사는 베테랑 여성 코디네이터는 말한다.

"정말 일본 텔레비전 방송국들은 너무해요. 거만하기 짝

이 없고 아무리 훌륭한 일을 해도 밤이 되면 여자들을 소개해 달라며 귀찮게 하죠. 하룻밤에 네 명의 여자를 상대하면서 거기에 사용된 돈을 내 코디네이터 비용으로 달아 놓으라는 사람도 있었어요. 여자를 소개하지 않은 것은 이번이 처음이에요. 여성 담당자에게 브라질 남자를 소개해 달라고 부탁받은 적도 있다니까요."

뒷이야기를 하자면 끝이 없다. 참으로 부끄러운 이야기다. 이제는 숨겨진 아름다운 곳들을 '비경秘境'이라 상품화시켜 가치를 떨어뜨리고 있다. 아직도 많은 텔레비전 방송국은 혈안이 되어 미지의 땅을 찾아다닌다. 그런 의미에서 아마존은 멋진 소재겠지만 한번 잘못된 정보를 내보내면 텔레비전 방송은 영향력이 크기 때문에 일이 커질 수가 있다. 이런 일은 내가 직접 겪기도 했다. 돈을 목적으로 인디오들에게 이렇게 저렇게 해 줄 것을 요구하는 방송이 있어, 내가 막은 적까지 있었다. 그 일 덕분에 한 번도 보지 못한 사람에게 욕을 먹었다. 방송국 사람들은 인디오들과 한 번 만나면 끝이다. 하지만 우리 단체 사람들은 오랜 시간을 들여 인디오들과 믿음을 쌓아 왔다. 그렇다 하더라도 방송국이나 우리나 다른 나라 사람들의 삶에 폐를 끼친다는 것은 똑같다. 그러니 어느 쪽이든, 낯선 곳에만 오면 양심도 수치심도 버리는 그런 행동은 하지 말아야 한다.

반대로, 우리가 큰 신세를 지고 있는 브라질의 일본인도 많다. 지금까지 브라질에 진출한 일본 기업에게 여러 가지 협력을 지원받고 있다. 그중 한 곳이 〈야마하〉 브라질 지사다. 이곳에서는 1993년에 25마력짜리 보트 엔진을 기증해 주었다. 긴급 상황이 생겼을 때 꼭 필요한 신상품 엔진이었다. 그리고 기증한 것 말고도 엔진 스무 개를 아주 좋은 값에 인디오들에게 팔아 주었다. 인디오들이 기뻐한 것은 물론이다. 가혹한 정글에서는 기자재의 소모도 심해서 고장도 많이 난다. 그렇게 되면 배는 단순한 고철쪼가리에 지나지 않게 된다. 그래서 예전부터 〈야마하〉의 전문가가 정글에 짧게 머물면서 고장난 배의 부품을 수리해 줄 수는 없는지, 그 과정을 원주민들에게 가르쳐 줄 수는 없는지, 브라질 〈야마하〉의 와타나베 요시미渡邊芳巳 사장님에게 부탁해 두었다.

1999년 내가 싱구 상에 머무를 때, 마침 이 수리를 한다고 하기에 레오날드 지구로 향했다. 싱구 강 상류와 중류 지역에 사는 열 개 부족 젊은이 약 스무 명이 이 과정을 열심히 들었다. 모터를 해체시켜 각 부품을 순서대로 나열한 후, 각 부품의 역할을 꼼꼼하게 설명하고 다시 조합했다. 인디오들은 그 어떤 문명인들보다 훨씬 더 현명해서 지금까지도 부품이 고장나면 나름대로 궁리하거나 다른 것을 이용하여 위기를 헤쳐 왔기 때문에 이해하는 속도가 빨랐다. 파손된 부품을 새로운 물건으로 보충하자 엔진이 멋지게 움직이기 시작했다. 모두들 "와!" 감탄하면서 환성을 지르며 기뻐했다. 이 고장 배 수리 과정을 만든 나도 굉장히 만족스러웠다. 이곳 지구의 대장인 꼬꼬찌가 부탁해 왔다.

"겐코, 이 과정을 다른 여러 지역 지구에서도 정기적으로 실시해 줄 수 있어? 이것은 인디오들에게 굉장히 중요한 일이니까 꼭 부탁해."

분명 예전에는 노를 저어 며칠씩 걸리던 곳도 모터보트라면 몇 시간 안에 도착할 수 있게 되었다. 응급 환자가 있거나 할 때 배는 원주민들의 생명줄이다. 그래서 인디오들에게 배 수리는 굉장히 중요한 문제였다. 이번 배 수리 교육은 민간단체와 일본계 기업의 협력을 통해 처음으로 실시된 사업이다. 보통은 민간단체와 기업은 서로 대치하는 관계라고 여기기 쉽다. 하지만 행정기관과 기업, 민간단체는 환경문제에 있어서 서로 협조해야만 하는 관계다. 옳지 않은데도 타협하거나 영합할 필요는 없지만 서로 모자라는 곳을 보충하면서 협력한다면 낭비도 적을 것이다. 거기에 세 곳 모두 각자 가진 정보를 공유하면서 서로를 믿어야 한다.

〈도요타〉 브라질 지사에서도 1993년에 정글에 강한 지프 '반데라'를 한 대 선물해 주었다. 〈도요타〉의 이사 겸 감사인 도라타 요시오虎田好男 씨는 그후로도 우리의 활동을 깊이 이해해 주셨고, 나중에 "겐코 씨의 열정에 놀랐습니다. 최대한 응원하겠습니다" 하는 말과 함께 지프 두 대를 더 기증해 주었다. 싱구 강에 차와 배가 있었던 덕분에, 긴급할 때나 운반해야 할 것이 있을 때, 얼마나 많은 사람들과 야생동물들이 생명을 구하고 도움을 받을 수 있었는지는 일일이 다 말할 수가 없을 정도다.

1997년에는 〈칼 자이츠〉에서 현미경을 기증받아 사전에 병명을 판단할 수 있게 되면서 목숨을 건진 사람도 많다. 1999년 봄에 상파울루에서 '메이나꾸 프로젝트 전시회'를 열었을 때, 〈후지필름〉 브라질 지사의 오카다 마사미岡田正躬 사장님은 특별한 사진을 비롯하여 다방면에 걸쳐서 전면적으로 협력해 주었다. 또 1994년에는 당시 〈마츠시타 전기〉의 노동조합에서 국제 부장으로 계셨던 고가 겐지古賀賢次 씨의 노력으로, 전문 영상 기자재 일체를 기부받을 수 있었다. 이 기자재로 얼마나 귀중한 다큐멘터리를 찍었는지, 말로 다 할 수 없을 정도다. 또 브라질 항공 〈바링〉은 1992년 긴급 의료 지원으로 브라질을 방문했을 때, 일본에서 두 사람분의 항공권을 제공해 주었다. 1994년에는 〈파나소닉〉에서 받은 기자재를 운송하는 데도 많은 도움을 주었다.

기업이 현금을 기부하는 것은 상당히 어렵다. 하지만 그 회사의 제품으로 하는 지원은 우리 쪽에서 체험담에 대해 열심히, 솔직하게 이야기하고 "여러분 회사에서 어떤 것을 해 줄 수 있겠느냐?"고 부탁하면 가능한 경우가 많다. 앞으로도 뜻있는 기업에 적극적으로 지원을 부탁할 생각이다.

1999년, 싱구 강 여행이 막바지에 접어들면서 9월 말에 가우쇼 드 노르찌로 돌아왔다. 불타 버린 정글에서는 아직 연기가 나고 있었고, 나무들은 잿빛으로 그을려 있었다. 그래도 몇 그루의 나무는 땅바닥에 쓰러지지 않고 새까맣게 말라 버린 채, 비명을 지르며 숨이 끊어진 사람처럼 서 있었다. 전쟁터의 무덤 같은 모습에 나도 모르게 고개를 돌려 버리고 말았다. 이곳에 살던 야생동물들은 도대체 어디로 간 것일까? 어쩌면 다들 죽었는지도 모른다. 어느 쪽이 되었든 이미 때는 늦었다. 느리게 걷고 있던 타만두아(Tanmandua anteater, 개미핥기)의 모습이 떠올랐다.

야생동물들은 숲의 원주민들이다. 다만 인간에게 항의조차 할 수 없는 원주민일 뿐이다. 그러니 우리는 야생에서 살아가는 생명들의 대변자인 인디오를 지원하는 것으로 정글의 상징적 존재를 지키고 숲을 지켜 내야 한다.

싱구 강에 들어선 몇 년 전의 첫 날, 기이한 꿈을 꾸었다. 저 멀리서 원반이 날아오더니 마치 계단을 내려오는 것처럼 뚜벅뚜벅 내 앞까지 환하게 다가와 갑자기 내 품으로 쿵, 뛰어드는 것이었다. 그러면서 꿈에서 깨어났다. '오늘부터 정글에서 살아야 되는 거지?' 생각하면서, 이 꿈은 까맣게 잊고 지냈다. 그리고 그 다음 해, 정글을 나서기 전날 밤, 도저히 믿을 수 없는 일이 일어났다. 한밤중에 오줌을 누러 밖으로 나왔다가 부락 중앙 가까이까지 가서 별로 가득한 밤하늘을 올려다보았다. 갑자기 하늘과 정글의 경계가 커다란 오렌지 빛으로 빛나더니, 둥근 빛이 삼각형으로 세 대가 나타나 멈추었다.

'이게 세상에서 말하는 비행접시인지도 몰라. 어떻게 교신할 수 없을까?'

이런 생각이 들었지만 방법을 찾을 수 없었다. 〈미지와의 조우Close Encounters Og The Third Kind〉라는 영화에서 소리로 교신하는 장면이 있었던 것이 떠올랐지만, 그것도 할 수 없었다. 생각 끝에, '저 셋 가운데 저것과 교신하고 싶다'며 마음속으로 생각하고 주먹을 쥐고 있던 손을 크게 열었다. 그러자 놀랍게도 한 대가 더 강한 빛을 내기 시작했다. 너무 기뻐서 다음에는 옆에 있는 비행 물체와 교신하고 싶다고 생각하며 똑같은 행동을 하자 어김없이 대답을 해 주었다. 천천히 하기도 하고 빨리 해 보기도 했는데 그때마다 내 속도에 맞춰 주었다. 몇 초 동안 그런 행동을 계속한 후, 이번에는 아무것도 하지 않고 마음을 고요하게 했다. 그러자 메시지가 느껴지기 시작했다. 사실은 그런 느낌뿐이었을지도 모르지만.

"나는 오랫동안 이 땅을 지켜보았습니다. 당신도 보고 있습니다. 그러니 당신이 할 수 있는 최대한의 일을 해 주세요."

하는 메시지였다. 가슴이 감사하는 마음으로 가득 차, 깊이 인사를 올리고 머리를 든 순간 비행접시는 흔적도 없이 사라지고 없었다. 그것으로 끝이었다. 지금 생각해도 황당한 일이지만, 어찌된 셈인지 이 일이 머릿속에 아주 선명하게 남아 있다. 다른 차원의 존재들도 아마존을 어떻게든 돕고 있는 거라면, 나 역시 힘을 내야겠다는 용기가 솟아올랐다.

브라질에서 만난 좋은 인연

떠들썩한 브라질로 돌아와 〈뿌나이〉에 보고를 마치고 바로 상파울루로 향했다. 브라질에서 내가 가장 신뢰하는 구스노楠野 유지 씨와 나츠미 씨 부부를 만났다. 유지 씨는

30년 가까이 브라질과 일본을 왕복하면서 양국의 문화 교류에 공헌한 열정적인 사진작가다. 그리고 내가 부탁하면 뭐든 들어주는 고마운 사람이다. 하지만 포르투갈어는 별로 잘하지 못한다. 물론 나 또한 브라질을 열 번 이상 다니면서도 여전히 입도 벙긋 못 한다. 입으로는 "지금부터 포르투갈어를 공부할 시간이 있으면 다른 걸 하겠다"고 큰소리는 쳤지만, 사실 포르투갈어를 못 한다는 것은 조금 부담스러운 일이었다. 포르투갈어를 하지 못하는 유지 씨의 존재는 나를 편안하게 해 주었다.

어느 날 유지 씨가, "에우 소 까베사 데 가리냐(Eu so Cabeza de Garinna, 난 새대가리입니다)."라고 말하면 괜찮다고 가르쳐 주었다. 이 말이 주는 울림이 좋아서 나는 유지 씨를 '새대가리 대장'이라고 부르기로 했다. 이 당시 대장은 나와 엇갈려서 일본에 머무는 중이었지만, 나는 나츠미 씨의 집으로 쳐들었다. 나츠미 씨는 상당히 매력적인 여성으로, 겉뿐만 아니라 마음까지 아름다운 사람이었다. 자유로운 발상을 지닌 독립심 강한 사람이고, 호기심 강한 고양이를 닮았다. 포르투갈어에 능숙해, 그 실력을 살려 여러 가지 일을 하고 있다. 정글에서 긴장했던 몸과 마음이 이곳에서 서서히 풀려 나갔다.

두 달 정도 먹지 못했던 일본식 밥상이 몹시 그리웠다.

정글의 먹을거리는 그것대로 감사히 먹지만, 역시 된장국에 흰쌀밥은 각별한 맛이 있다.

상파울루에서 여유 있는 시간도 보내지 못하고 바로 신세를 지고 있는 기업들을 방문하기 시작했다. 일본계 사회와 일본인 기업에서 일하는 사람들을 대상으로 한 『상파울루신문』과, 『일―브라질신문』에 영향력이 있는 나츠미 씨는 우리들이 하는 아마존 활동을 기사화시키는 데 큰 도움을 주었다.

그리고 또 한 사람, 이곳에서 꼭 한번 만나고 싶은 사람이 있었다. 바로 꼬레나꾸 족의 지도자 아유뜬이었다. 아유뜬은 사진기자인 나가쿠라 히로미長倉洋海 씨가 몇 년 전에 알게 된 인디오인데, 아마존 강 유역에 사는 인디오 부락을 방문할 때 함께했다. 그때 모습이 다큐멘터리로 텔레비전에 방송되었는데, 이때 아유뜬의 팬이 된 일본인도 많았다. 1998년에 나가쿠라 씨가 이 여행 이야기를 책으로 출판했고, 동시에 야유뜬의 그림 전시회를 열어 아유뜬을 일본으로 초대하기까지 했다. 몇 년 전인가, 이 인디오 지도자를 상파울루에서 만난 적이 있었는데, 아유뜬이 큰 포부를 안고 인디오의 자립 촉진에 좋은 사업을 실천하고 있다는 것을 알면서도 그 사업을 지원할 만큼의 여유가 없다보니 별로 깊은 이야기를 나누지는 못했다.

브라질 정부는 1988년, 원주민들의 토지에 대한 권리 보장을 포함한 헌법을 국회에서 가결시켰다. 이 법이 단 한 명의 반대도 없이 통과된 가장 큰 이유는 사실, 아유뜬이 취한 행동 덕분이었다. 1987년 9월에, 헌법 전문에 인디오 원주민의 토지 보장을 포함시킬지 말지를 토론하는 자리에 아유뜬이 초대되었다. 아유뜬은 단상에서 입을 다문 채 인디오 사회에서 죽음을 싱징하는 검은 먹을 얼굴에 칠하기 시작했다.

"광대한 토지 구석구석까지 얼마나 많은 인디오들의 피가 흘렀는지 여러분도 잘 알 것입니다. 여전히 인디오들은 브라질 발전의 희생자가 되어 차별을 받고 있습니다. 더 이상 모르는 척 외면하지 말아 주십시오!"

아유뜬은 〈인디오연합〉을 설립한 정치적인 활동가로 유명했지만 헌법 가결 이후 지금은 일선에서 물러나 있다. 많은 동지들이 운동 중에 살해되었고, 그 자신도 몇 번씩 목숨의 위기를 넘겼다. 그런 사람인데도 처음 만났을 때는 이야기를 재미있게 하는, 수줍고 꿈 많은 사람이라는 인상을 받았다. 활동가들이 흔히 갖기 쉬운 불필요한 힘 싸움도 위압감도 없는, 바람에 떠다니는 풍선처럼 경쾌하면서도 함께 있으면 마음이 편안한 사람이었다.

1998년에 아유뜬이 일본에 왔을 때, 우리 집에도 잠깐

머문 적이 있었다. 하루 종일 힘겨운 일정을 보내고 나면 언제나 그랬듯이 한밤중에 돌아왔다. 돌아온 뒤에도 쉬지 못하고 아유뜬을 만나고 싶어 기다리던 사람 모두를 상대했다. 밤늦게까지 노래하고 춤추며 북적대는데도, 피곤한 내색을 하는 일이 없었다. 강연회에서 시인처럼 물흐르는 언어로 사람들을 매료하는 아유뜬. 어린아이처럼 천진난만하게 장난치는 면도 가지고 있는 아유뜬을 보고 있으면 마음이 편안해진다. 카리스마 덩어리인 라오니도 장난치고 놀리는 것을 좋아한다. 역시 진정한 멋쟁이는 큰마음으로 사람들을 품고 안심시키며, 밝고 순진함을 간직하고 있다. 내가 포르투갈어로 계란(우에보huevo)과 사람(오보povo) 발음을 바꿔 말해도 아유뜬은, "둘 다 발음이 비슷하니까 신경 쓸 필요 없다"며 웃어넘겨 주었다.

이번에는 그를 만나자마자 내가, "정글 화재 케마다 때문에 힘들었어. 인디언들이 너무 불쌍해. 백인 싫어!"라고 하자 미소를 지으며 말했다.

"겐코, 불 자체는 아무 책임도 없어. 그냥 커다란 힘이야. 제아무리 힘이 세다고 해도 불은 불일 뿐이야. 한탄하지 말고 겐코는 지금처럼 그대로 살아갔으면 좋겠어."

아유뜬은 내가 하고 싶은 말이 무엇이었는지 잘 알고 있었을 것이다. 그런데도 그런 말을 들으니, 정작 나는 할 말을 잃고 말았다. 어린아이를 달래는 것처럼, 시럽과 계피를 뿌린 구운 바나나를 나에게 가지고 와서는, "자, 먹어. 착하지, 잘 먹네."라며 먹여 주었다. "내가 먹을 테니까 괜찮아." 하고 말했지만 끝까지 나에게 먹이려고 들었다. 하고 싶은 말이 많았지만 왠지 상관없다는 느낌이 들었다. 나는 아유뜬이 얼마나 위대한 지도자인지 잘 알고 있다. 만나면 서로 '새대가리'라 놀릴 수 있는 편한 사람이라는 것도 참 좋다. 여력이 생긴다면 아유뜬의 꿈이기도 한 인디오 민족관 설립에 꼭 협력할 생각이다. 돌아가는 길에 아유뜬이 직접 만든 화살 하나를 나에게 주면서, "이걸로 서로 교신하자"고 했다. 그러면서 웃어 주었다.

1999년의 여행에서는 훌륭하고 멋진 사람들을 많이 만날 수 있었다. 브라질은 강력한 에너지를 품고 있고, 무한한 가능성을 삼추고 있는 땅이다. 돌아가는 비행기 안에서 본 상파울루의 야경은 강물에 달이 비친 것처럼 반짝반짝하는 것이 마치 다이아몬드를 뿌려 놓은 것 같았다.

나리타 공항에서 수많은 일본인을 만났다. 하지만 사람 냄새가 나지 않아 차가운 흑백사진을 보는 것처럼 오싹했다. 자원이 없는 이 나라 일본이 이렇게 기적 같은 경제성장을 이루어 낼 수 있었던 것은 사람들이 열심히 일해 왔기 때문일 것이다. 하지만 그러면서 어딘가 무리했던 부분도 있었을 것이다. 내 눈에는 일본이 자신의 마음에는 귀를 기울이지 않고 자기 자신을 죽이면서 '이걸로 됐다'고 위로하며 살아온 것처럼 보인다. 혼돈 속에 있지만 마지막에는 질서를 유지하는 브라질과는 정반대로, 질서 있는 사회에서 단절된 혼돈을 일본에서 느낀다. 그 원인 중에 하나가 자신의 의사를 정확하게 표현하지 않고 적당히 타협하는 일본인들의 애매한 성격 때문이 아닐까 생각한다.

싱구 강 상류 지역에 위치한 메이나꾸 족 부락. 이 지역은 사바나와 열대의 양쪽 기후를 다 가지고 있다.

메이나꾸 족 부락에서 이루어진 꾸아룹 축제의 절정인 우까
우까.

꾸아룹 축제를 위해 특별식인 생선 훈제를 만들고 있는 모습.
한 집이 보통 이 정도의 양이다. 많은 부족이 찾아오기 때문에
모두 다 같이 준비해서 함께 먹는다.

사자를 장사지내는 묘지. 주술사는 날마다 사자와 대화를 나
눈다.

꾸아룹 축제. 사자를 상징하는 인형인 통나무를 멋지게 장식한
후 이 앞에서 축제가 펼쳐진다. 메이나꾸 족 부락.

물의 정령 '샤뿌꾸이야와'와 '아뜨주와'가 집집마다 돌아다니
는 모습.

메이나꾸 족 부락의 '남자의 집' 앞에서. 주술사인 무나인과 이
야기를 하고 있는 저자와 마을 남자들.

메이나꾸 족 어린이들. 이 정도의 표정을 찍으려면 신뢰가 있어야 한다. 카메라를 보이면 모든 부족이 하나같이 도망간다.

메이나꾸 족 여성들. 여성들만의 축제인 '야마리꾸마 축제' 예행연습을 하고 있다. 여성들이 하루 종일 남성처럼 행동하는 진귀한 축제다.

1999년 9월, 〈야마하〉의 브라질 지사 기술자가 레오날드 지구에서 인디오들에게 배 엔진 고장 수리 과정을 실시하여 호평을 받았다.

RFJ가 기부한 배와 엔진. 열대림 보호 활동과 응급 상황이 생겼을 때 생명선이 된다.

제 10 장

아마존의 미래

자살하는 사람들

마지막으로 한 가지, 다소 마음 무거운 이야기를 해야될 것 같다. 1998년 8월 26일, 브라질 남부 마트그로수 주의 주도 깐뽀그란지 공항에 도착했다. 내가 브라질에 도착한 것은 나흘 전인데 그때까지도 시차 때문에 멍한 상태였다. 그런데도 빠울로와 함께 아침 열 시에 브라질리아를 출발해 꾸이아바에서 비행기를 갈아탔다. 비행기 대기 시간까지 합하면 모두 닷새가 걸린 셈이다. 그런데도 최종 목적지인 구아라니 족 마을이 있는 드 라De La 지구까지 가려면 다시 차를 타고 남쪽으로 25킬로미터나 더 가야 한다. 지난 8년 가까이 원주민들과 함께 자연보호 활동을 해 왔다고는 하지만 원조 대상지인 싱구 지역 말고는 거의 모른다. 싱구 이외의 지역에 사는 다른 부족을 방문하는 것 또한 이번이 처음이다.

1995년 8월에 〈뿌나이〉를 방문했을 때, 빠울로가 전한 말 때문에 이번에 이곳에 오게 됐다. 구아라니 족 담당자인 오찌리아가 나에게 하고 싶은 말이 있다는 이야기를 여러 번 했기 때문이다. 언젠간 한번 가야겠다는 마음만 있었지 쉽게 시간을 내지 못해 마음에 걸렸는데, 이번에 오찌리아의 집을 방문할 수 있게 되었다.

오찌리아의 방에서 인사를 마치기가 무섭게 오찌리아는 아무 말 없이 조용히, 커다란 책상 위에 가로 20센티미터, 세로 13센티미터 정도 되는 흑백사진을 십여 장 펼쳐놓기 시작했다. 무슨 사진일까? 궁금하여 들여다본 순간, 나도 모르게 숨을 삼키고 말았다. 놀랍게도 전부 젊은 남녀들이 목을 매단 사진이었다. 오찌리아는 천천히 입을 열었다.

"이 사진을 보십시오. 지금 이 지역은 브라질 원주민 가운데에서도 가장 심각한 문제가 산처럼 쌓여 있는 곳입니다. 너무 복잡해서 해결하는 데 얼마나 오랜 시간이 걸릴지 모릅니다. 난 내일부터 또 구아라니 족 조사관으로서 그들이 사는 보호구역에 들어갑니다. 그리고 내가 할 수 있는 최대한의 일을 할 것입니다. 젠코도 싱구 강의 일로 숨 쉴 틈이 없겠지만, 이 지역을 꼭 한번 들러주세요. 그저 돌아보기만 해도 좋아요. 함께 가 줄 수 있나요?"

갑작스러운 충격에 머리가 빙 돌면서 말이 나오지 않았다. 그런 내 모습을 본 오찌리아가 사과를 했다.

"갑자기 부탁을 드려서 미안합니다. 빠울로와 인디오들이 겐코 씨라면 무언가 도움이 되어 줄지도 모른다고 해서 급한 김에 저도 모르게 그만……"

지금까지 상당히 절박한 인디오들의 상황을 보아 왔다. 하지만 이런 형태로 사람이 죽어 있는 현장은 없었던 만큼 마음의 동요를 감출 수가 없었다. 그러면서 동시에 '왜 이렇게까지 되었지? 미리 막을 수는 없었던 것일까?' 하는 의문이 계속해서 일어났다.

올 한 해는 이미 모든 일정이 정해져 있었다. 혹 시간이 생겼다 하더라도 이곳까지 과연 발걸음을 했을지에 대해서는 나 스스로도 의심스럽다. 지금 안고 있는 일만으로도 일손이 모자랄 지경인데, 이런 어려운 현장에까지 끼어들었다가는 도저히 발을 빼지 못할 거라는 사실은, 지금까지의 경험으로 충분히 알고 있었다. 가능하다면 알고 싶지 않았다. 오찌리아에게는 참으로 미안한 일이지만 지금 바로 이 지역으로 들어가는 것은 어렵겠다고 솔직하게 이야기했다.

하지만 일본으로 그대로 돌아가더라도 인디오 청년들이 목을 매단 사진이 자꾸 눈에 밟혀서 충격에서 벗어나기 힘들 것이다. 잊으려고 노력해도 잊을 수가 없었다. 그래서 '그래, 자꾸 도망가느니 한번 현장을 보는 편이 스스로를 이해시키는 데 도움이 될 거야'라고 생각을 고쳐먹었다. 그러고는 다음해인 1996년, 구아라니 족을 방문하기로 결심했다. 오찌리아가 보낸 보고서를 도착하자마자 읽어 보았다.

마트그로수 주 남부에는 머나먼 옛날부터 구아라니 족이 살고 있었다. 하지만 포르투갈인이 쳐들어오면서 선교사와 오지 탐험대가 찾아왔고, 이 지역에 변화가 일어났다. 그 후, 마테차 상인들에 의한 토지 개발이 계속되면서 구아라니 족은 자신들이 살던 땅에서 쫓겨나 그 시대의 권력자에 의해 강제로 보호구역 안으로 이주를 당해야만 했다. 구아라니 족 말고 두 개 부족도 같은 거주 구역 안으로 강제 이주를 당했다. 그러면서 어쩔 수 없이 다른 부족과 적응하고 통합해야 했고, 그 과정에서 각 부족은 자신들만의 독자 문화를 잃어버리고 말았다.

그리고 최근 13년 동안 228명의 자살자가 생겨났다. 1990년에 36명, 1991년에 25명, 1992년에 23명, 1993년에 31명, 1994년에 24명, 1995년에는 40명이 자살하였다. 그중 도라도스 지역에서 자살한 사람이 46.6퍼센트에 이른다. 이 지역은 구아라니 족 가운데서도 가장 인구가 많다. 도라도스 지역의 인구가 늘면서 자살하는 사람 또한 늘어났다. 남녀 비율로는 남성이 54.2퍼센트, 여성이 45.8퍼센트다. 자살한 사람의 75퍼센트가 25세 이하로 나와 있다.

또 한 가지 특징은 도라도스 등(아만바이, 까아라뽀 순으로 이어짐)에서 일어나고 있는 자살은 결코 충동적인 것도, 감정적인 것도 아니라는 사실이다. 자살하는 사람들은 자살하기 전에 가족과 친구들에게 자신의 자살 의지를 알리고 있었다.

짓밟힌 정글과 붕괴된 삶

깐뽀그란지 공항에서는 〈뿌나이〉의 도라도스 책임자인 세바스찬이 우리를 기다리고 있었다. 세바스찬은 마흔 살 남짓한 독일계 남성인데, 붉은 얼굴을 하고 있다. 우리를 보자 웃는 얼굴로 악수를 청해 왔다. 이제부터 우리들 세 명의 여행이 시작된다.

〈뿌나이〉의 브라질리아 본부에서 일하는 사람들 중에도, 서류만 중시하고 탁상공론으로 하루를 보내는 일본의 공무원과 상당히 비슷한 사람들이 있다. 아무래도 내부 업무가 많고 현장에 가 보지 않은 탓이라고 생각한다. 밖으로 외근을 돌면서 〈뿌나이〉의 지구를 담당하고 있는 사람들은 그들과는 정반대로, 인간적이면서도 열정적이다. 그 사람들은 인디오들과 하나가 되어 문제 해결에 고군분투하고 있다. 그런 사람들을 보면 나도 힘을 얻는다. 세바스찬도 사재를 털어 인디오를 돕고 있는 사람이다. 그런 건굳이 본인이 말하지 않아도 느낄 수가 있었다.

구아라니 족이 처한 지금 상황을 가장 많이 알고 있는 오찌리아가 이번 여행에 동행했다. 오찌리아가 모든 준비를 담당해 왔다. 그리고 출발하기 전 브라질리아에서 〈뿌나이〉의 최고 책임자인 장관과 회견하는 자리에서 장관이 이렇게 말했다.

"나도 이 자리에 앉기 전까지는 구아라니 족을 지원하는 시민 단체에 있었습니다. 지금은 많이 나아져 별로 큰 문제는 없을 것입니다. 오찌리아도 좋기는 하지만 현지 지구에 있는 사람들 쪽이 훨씬 많이 알고 있으니 제가 수배해 두겠습니다."

아무리 지구를 책임지는 사람이라고는 해도, 전체를 파악하고 있는 오찌리아보다 나을 리 없었다. 하지만 내 의견을 내세울 처지가 아니어서 이 조건을 받아들이는 수밖에 없었다. 외지인에게 정보를 공개하는 것이 두려웠던 건지도 모르겠다. 어쨌든 그렇게 해서 우리들의 일정은 갑자기 바뀌었다. 그리고 지난 20년간 〈뿌나이〉에서 일해 온 오찌리아가 같은 해, 갑자기 해고됐다. 나중에 오찌리아가 이렇게 말했다.

"〈뿌나이〉 입장에서는 필요 이상으로 많은 것을 알고 있는 내가 마음에 안 들었을 거예요. 목숨이 붙어 있는 것만으로도 감사해야지요."

안내자인 온화한 세바스찬은 독일어로 이렇게 말했다.

"내가 이 일을 맡은 지 4년이 되어 가지만 여전히 문제투성이입니다. 있는 그대로를 보여 드리겠습니다."

깐뽀그란지에서 파라과이 국경에 있는 뽀딴뽀란 마을까지, 5백 킬로미터나 되는 국도 118호선이 북에서 남으로 이어지고 있다. 이 지역 주변에는 구아라니 족이 사는 보호구역 25곳이 군데군데 존재하는데, 이 보호구역에 살고 있는 구아라니 족은 약 2만 5천 명 정도다.

이 국도를 차로 완주한 적이 있다. 몇 개 안 되는 작은 마을을 빼면 놀랍게도, 지평선까지 모두가 목장이다. 목장밖에 안 보이는 풍경이 끝도 없이 펼쳐지고, 중간에 드문드문 여기저기에서 목초를 찾는 소들이 천천히 걸어 다니고 있다. 갑자기 역한 냄새가 진동을 해 당황해서 문을 열고 밖을 내다본 적도 있다. 냄새가 나는 곳은 식육 처리장이었다. 처리장을 오가는 트럭 위에는 소들이 머리와 꼬리를 맞댄 채 서 있었다. 어쩌면 예상했던 것보다 훨씬 더 힘든 여행이 될지도 모르겠다는 생각이 들었다.

자살한 사람들의 46.4퍼센트를 차지하는 지역인 도라도스에 도착했다. 아스팔트로 포장된 국도에서 얼마 떨어지지도 않았는데, 이곳은 마치 뿌연 흙먼지를 날리는 황야의 개척 마을 같은 모습을 하고 있었다. 우리가 구아라니 족 마을에 도착했을 때는 3, 4개월 동안 목장과 식육 처리장으로 돈 벌러 나가는 인디오 남자들을 태운 버스가 막 출발하기 직전이었다. 식육 처리장으로 향하는 트럭 위에 있던 소들과 인디오 남자들의 모습이 겹쳐져서 괴로웠다.

이 지역에 사는 구아라니 족은 고유의 문화와 언어를 잃어버렸다. 사람들은 모두 기독교로 개종하여 생활양식도 브라질 사람들과 별반 다르지 않았다. 게다가 돈이 없으면 살 수 없는 상태였다. 빵을 먹고 커피를 마시며 살고 있는 그들은, 가난한 민중 '빠베이라'와 다를 바 없었다. 가난은 악순환되고 있었다. 인디오 이름도 없이 일반 브라질 사람들처럼 '빠울라'라던가, '마리아'라는 이름을 가지고 있는 구아라니 족 사람들은 싱구 강의 인디오와는 상당히 달랐다.

도라도스의 인디오 지도자인 오베이라는 말한다.

"예전에는 구아라니의 위대한 지도자이신 마르셀 소자가 이곳에 살고 있었다. 마르셀 소자는 우리들의 존속과 존엄을 지키기 위하여 싸웠지만, 1983년 11월에 목장주가 고용한 살인 청부업자에게 총탄 서른여덟 발을 맞고 숨을 거두었다. 그 이후로 그 어느 누구도 무서워서 감히 들고 일어날 생각을 하지 못하게 되었다.

토지는 메마르고 작물은 더 이상 자라지 않는다. 먹을거리는 부족하고 수도도, 하수 설비도 없어서 가까운 호수에서 물을 길어다 먹고 있다. 덕분에 어린 아기들과 노인들은 만성 설사와 위장염으로 고생하고 있다. 이곳은 지옥이다. 외지로 돈벌이를 나가도 싸구려 임금밖에 못 받는데다가 하루 종일 중노동에 시달려야 한다. 그러다 집으로 돌아와야 하지만 그나마 일거리가 있다는 사실만으로 다행이라 여긴다.

이곳에 사는 사람들에게 내일의 희망을 이야기하는 것은 억지다. 현실에서 도망치기 위해 알코올중독자가 되어 간다. 알코올은 처음에 선교사들이 가지고 들어왔다. 결과적으로 술이 우리의 목을 죄었다. 아무도 술을 마시지 말라고 하지 않는다. 내일 내가 그렇게 되지 말라는 장담을 할 수 없기 때문이다. 최근 두 달 동안은 아무도 자살하지 않았지만 조만간 자살하는 사람이 나올 것이다."

이야기를 듣고 있는 동안, 머리가 어질어질해졌다. 간신히 땅에 발을 대고 있는 것만으로 힘들었다. 가벼운 어지럼증이 일었다.

'출구가 어디지? 이 어둠 속에서 빠져나갈 수 있는 빛은 어디에 있는 것일까?'

지상에 생지옥이 있다면 바로 여기일 것이다. 젊은이들은 술에 취해 싸우고 칼로 상대를 죽이는 일까지 일어난다고 한다. 젊은 아가씨들은 새 옷을 사기 위해 국도를 달리는 트럭 운전사들을 상대로 몸을 팔고, 에이즈라는 비싼 대가를 치르고 있다. 청바지를 입고 국도에서 손님을 기다리고 있는 십대 여자아이에게 물었다.

"에이즈가 무섭지도 않니?"

그 아이가 대답했다.

"에이즈보다 가난이 더 무서워요."

이곳 보로로 마을은 835가족, 6,075명이 3,474헥타르의 토지에 살고 있다. 신기한 것은, 교회는 큰 곳과 작은 곳을 합해 19곳이 넘는데, 정작 학교는 하나밖에 없다는 사실이다. 진짜로 구아라니 족의 자립을 생각한다면 종교 활동이나 다른 무엇보다 교육을 우선시해야 할 것이다. 읽지도 쓰지도 못하고, 브라질 사회에 둘러싸여 이름 한 자 제대로 쓰지 못한다면 구아라니 족은 아무리 시간이 흘러도 이 어둠에서 벗어나지 못할 것이다.

하지만 기독교계 민간단체가 세력을 떨치고 있는 이 지

역에서 이런 말을 꺼내기란 상당히 어렵다. 교회 선교사들이 절망에 빠진 이들에게 가장 먼저 내뱉는 첫마디는, "신에게 기도하세요. 그러면 구원받을 수 있습니다." 하는 것이다. 분명히 기도도 마음의 식량이고 소중하다. 하지만 기도로 굶주림과 추위에서 벗어날 수는 없다. 구아라니 족이 겪는 구체적인 문제를 세상에 알리고 그런 구체적인 행동을 통해 해결점을 찾는 것이 먼저가 아닐까. 물론 그중에는 아주 훌륭한 선교사도 있다. 삐까루도라는 선교사는 이렇게 말했다.

"이곳에 있는 사람들은 모두 기독교로 개종했습니다. 기도도 중요하지만, 직접 일을 배우고 익혀서 먹고 살아가야 합니다. 얼마 전부터는 여성을 대상으로 한 기술 강습을 시작했습니다."

마침 그중 한 교회에서 실습을 하고 있다며, 기회가 기회이니만큼 모두에게 나를 소개하고 싶다고 했다.

"이분은 구아라니 족이 겪고 있는 일을 살펴보기 위해 일본에서 오신 민간단체 활동가입니다. 이분에게도 인디오와 똑같은 피가 흐르고 있습니다."

모두가 나를 주목했다. 갑자기 젖먹이를 안고 있던 젊은 여성 지도자가 일어나 말하기 시작했다.

"이런 변변찮은 곳까지 찾아 주어 대단히 감사합니다.

당신 눈으로 우리가 사는 이곳의 모습을 똑똑히 보아 주십시오. 우리들은 전통문화와 언어를 잃어 가고 있습니다. 더 이상 인디오로서 독자적인 문화도 지키지 못한 채, 어떻게 하면 브라질의 백인 사회와 공생하며 살아갈 수 있을지, 이것이 우리에게는 가장 큰 문제입니다. 많은 사람들은 알코올중독에 빠지고, 자살하는 사람조차 있습니다. 하지만 우리는 포기하지 않습니다. 구아라니 족 가운데는 우리처럼 필사적으로 길을 찾으려는 이도 있다는 사실을 부디 잊지 말아 주십시오."

궁지까지 내몰리고 더 이상 갈 곳조차 없는 상황인데도 인디오로서 자긍심을 잃지 않고 늠름한 자세로 말하는 모습을 보고 있자니, 나도 모르게 눈물이 흘렀다.

"나 역시 여러분들과 같은 여자이자 어머니며, 같은 뿌리를 가진 사람입니다. 여러분들처럼 정말 열심히 노력하며 살아가는 사람들을 만나게 돼서 정말 다행입니다. 지금은 여러분들을 위해 무엇을 해 줄 수 있을지 아무것도 약속할 수 없지만, 일본으로 돌아가면 잘 생각해 보겠습니다."

나는 이렇게 겨우 말을 맺었다. 웃음기조차 띠지 않던 그 여성 지도자가 처음으로 미소 지으며 나에게 다가오더니, "오브리가다(Obrigada, 고마워요)"라며 나를 껴안았다.

그러고는 한참 동안 떨어지지 않았다.

기독교계 민간단체가 실시하고 있는 인디오 지원 사업은 고마운 일이기는 하다. 하지만 지원 사업 밑바닥에는 선교하려는 목적이 워낙 강해서, 본디 구아라니 족이 가지고 있는 신앙을 무시한 채 기독교만 강요하는 꼴이 되고 말았다.

다음 날, 빠난비지뇨 마을에 갔다. 이 마을은 인디오 보호구역으로 지정되어 법적으로 그 권리를 보장받은 곳이다. 하지만 이를 무시하고, 가까운 곳에 있는 목장주가 불법으로 조금씩 땅을 침입해 들어왔다. 참다못해 주 정부에 조사해 달라고 부탁했지만, 그 자리에서 쫓겨나고 말았단다. 지도자인 넬슨이 흰색 옥수수를 보여 주면서 인디오의 땅에서는 이것밖에 자라지 않아, 흰 옥수수 말고는 먹을게 아무것도 없다고 했다. 그러면서 내가 탄원해 주면 행정부도 움직여 줄 테니 협력해 달라고 했다. 하지만 이 마을의 상태를 완전하게 이해하고 있는 것이 아니어서 "어렵다"고 거절할 수밖에 없었다. 이 마을에 살고 있는 다니엘이 말했다.

"난 주 정부의 장학금으로 대학에 다니고 있습니다. 하지만 9월이 되면 이 제도가 폐지됩니다. 1년만 더 다니면 학교를 졸업할 수 있는데 여기에서 그만두어야 한다니 정말 억울합니다. 내 꿈은 선생님이 되어 구아라니의 아이들을 가르치고 자립적인 인디오 사회를 만드는 것입니다."

안내를 맡은 세바스찬이 설명했다.

"도라도스에는 우수한 학생이 두 명 있습니다. 한 명이 바로 다니엘이고, 또 한 명은 하이까라는 여학생입니다. 하이까는 버스비가 없어서 마을에서 대학까지 왕복 16킬로미터를 걸어 다닙니다. 책을 살 돈이 없어서 친구들이 책을 빌려 줍니다. 모두가 그렇게 하이까를 돕고 있습니다. 둘 다, 앞으로 1년만 더 공부하면 대학을 졸업할 수 있는데 〈뿌나이〉가 돈이 없다며 더 이상 도울 수 없다고 합니다. 안타까워 죽겠습니다."

두 사람이 대학을 졸업하려면 얼마가 필요한지 물었다. 약 6천 달러란다.

"내 주머니에 사비 4백 달러가 있어요. 이 돈을 두 사람을 위해 써 주십시오."

돈을 건네자 세바스찬은 자기 일처럼 기뻐하며 말했다.

"이걸로 하이까에게 자전거를 사 줄 수 있습니다. 나머지는 다니엘을 위하여 쓰겠습니다."

뒷날, 일본에 돌아오니 하이까가 보낸 정중한 감사 편지가 도착해 있었다. 빠울로는 돌아가는 길에 이렇게 말했다.

"그들이 대학을 무사히 졸업했다 쳐요. 하지만 그 다음에 정말 그들이 이곳에 남을 걸로 생각하나요? 그들의 재능을 살려 쓸 곳도 없고, 그런 환경조차 갖추어지지 않은 곳에서 무슨 일을 할 수 있지요?"

물론 틀린 말은 아니다. 하지만 나는 생각이 달랐다.

"지금 당장 부족을 위해서 아무것도 하지 못하더라도, 언젠가는 그런 기회가 찾아올지 몰라요. 일본으로 돌아가면 난 두 사람을 위한 장학금을 마련할 거예요."

그러자 빠울로가 말했다.

"이곳은 싱구가 아니예요. 나 역시 처음 온 곳이고요. 라오니나 메가롱처럼 강인한 지도자가 이곳에는 없어요. 이번 건은 신중하게 대응해야 될 거예요. 〈뿌나이〉도 무시할 수 없고. 돈을 건네도 정말 두 사람이 학비에 쓸지도 알 수 없어요."

이때 세마스찬이 끼어들었다.

"만약 돈을 만들 수 있다면 절 믿고 돈을 보내 주세요. 반드시 책임지고 그들의 학자금으로 사용하겠습니다."

일본으로 돌아와 두 사람을 위한 기금을 모았다. 주위의 많은 분들이 지원해 주었지만 필요한 돈의 3분의 2밖에 모으지 못했다. 부족한 돈이나마 브라질로 보냈다. 잘 받았다는 보고는 받았지만 그 후 두 사람이 무사히 졸업했다는 연락은 없었다. 그래도 언젠가는 이 두 사람이 부족을 위해 공헌해 줄 것이라고 나는 믿고 싶다.

그리고 다음 방문지인 세찌 세호스 마을을 찾아갔다. 이곳은 집을 짓는 목재를 살 수 없어 골조만 나무를 사용하고, 다른 곳은 검정 비닐 시트를 덮은 집이 많았다. 밤이 되면 기온이 영하 10도로 떨어지기 때문에 모두들 추위에 떨고 있을 것이다. 9,003헥타르에 달하는 토지에 약 3백 명의 인디오들이 모여 사는 이곳 역시, 최근 들어 이곳과 인접해 있는 목장주가 살인 청부업자를 고용해 보호구역 안으로 불법으로 밀고 들어오는 중이었다. 그 경계선에 감시용 막사를 만들어 늘 10여 명의 인디오들이 감시하고 있다고 해서 가 보았다.

실제로는 외부와 보호구역의 경계선이 아주 애매해 그저 울타리 하나만 있어도 경계선을 구분하는 데 상당히 도움이 될 것 같았다. 멀리, 총을 가진 몇 명의 살인 청부업자들의 모습이 보였다. 인디오들 가운데 몇 명도 어디서 손에 넣었는지, 총을 몸에서 한시도 떼지 않고 지니고 있었다. 마치 전쟁터 같은 분위기다. 예전에 까야뽀 쪽과 금 채굴 업자가 전쟁 직전까지 갔던 것을 겨우 막았을 때도, 나는 현장으로 달려갔다. 그때는 다행히 금 채굴 업자가 도망간 다음이었다. 하지만 이번에는 상대방이 눈앞에 보이는 만큼 위기감이 넘쳤다. 외지인의 방문을 저쪽에서 눈치 챘는지 발빠르게 몇 명이 철수하는 모습이 보였다. 젊은 지도자 호도리고가 말했다.

"몇 달 전, 목장으로 통하는 길을 봉쇄해 실력 행사에 나선 적이 있었는데, 이것이 오히려 일을 악화시킨 것 같아요. 그런 행동이라도 하지 않으면 대화조차 하려 들지 않습니다. 하지만 그 결과, 관계가 더욱더 악화되어 후회하고 있어요."

빠울로에게 물었다.

"목장주와 만날 기회가 있을까요? 인디오들의 일방적인 설명만 들어서는 공평하다고 할 수도 없고……."

그러자 빠울로는 이렇게 대답했다.

"지금은 그럴 시기가 아니에요. 단순한 호기심이나 친절만으로는 이곳의 토지 문제를 해결할 수 없어요. 당신이 진심으로 구아라니 족을 지원할 마음의 준비가 되어 있지 않으면 풀기 어려운 문제예요. 그리고 우리는 당신의 목숨을 보장할 수 없어요."

황야밖에 없는 이 보호구역에서는 작물을 길러 수확하는 것이 몹시 어렵다. 이곳에서 한 발자국만 나가면, 텔레비전과 수영장이 있는 커다란 집에서 살고 있는 백인 사회의 브라질 사람들을 만날 수 있다. 바로 그런 곳에서 허드

렛일을 하며 살아가는 인디오들도 있다. 인디오들이 아무리 노력한들 백인 사회에서나 가능한 생활은 평생, 절대로, 손에 넣을 수 없다. 그리고 이 양자는 고용주와 노동자라는 관계뿐만 아니라, 원주민과 나중에 들어온 자라는 관계까지 가지고 있다.

이런 관계에는 〈뿌나이〉와 주 정부, 기독교 계열의 민간단체 등이 서로 복잡하게 얽혀 있다. 뒤로 물러서기도, 앞으로 나가기도 어려운 구아라니 족 사람들이 앞으로 무엇에 의지하며 살아갈 수 있을지 생각해 보았다. 하지만 수렁에 빠진 것처럼, 버둥거리면 버둥거릴수록 헤어나기가 어려워 보였다.

그래도 여자들은 아직 희망을 잃지 않고 앞으로 나아가고자 노력하고 있다. 어쩌면 그녀들이 어머니의 강인함을 가지고 있기 때문인 것 같다. 젊은 남자들은 가까운 마을까지 어슬렁어슬렁 내려가, 길 가는 사람들에게 돈을 구걸해 술을 사 먹는다. 술값이 필요해서 돈을 훔치는 일도 비일비재하다. 그러다 보니 주변에 사는 브라질 사람들에게 인디오들은 게으르고 천하고 더럽다는 차별심만 강하게 심어 주게 되었다. 브라질 사람들은 이미 오래 전에, 자신들이 누리는 부가 인디오들의 땅에서 이루어진 것이라는 역사적 사실 따위는 머릿속에서 깨끗이 지워 버렸다.

아만빠이 마을에 갔다. 사람들이 자주 목을 매는 나무라며 세바스찬이 한 나무를 손가락으로 가르쳤다. 술에 취한 젊은 청년이 나에게 다가오더니, "지금 어떤 나무로 할지 고민하는 중"이라며, 진담인지 농담인지 모를 말을 하며 킬킬거렸다. 내가 여기서 무슨 말을 할 수 있을까?

아만빠이 마을을 떠나 뽈뜨 리도 마을로 이동했다. 올해 들어서만 열다섯 살 먹은 여자아이부터 마흔 살 먹은 남성까지, 다양한 연령층의 사람 다섯 명이 자살을 했다. 이 땅은 기독교계 민간단체가 의료와 교육에 자금 지원을 하고 있지만 모든 것이 부족한 상태였다. 하지만 한편에서는 여성들이 위원회를 조직하여 경제 자립을 위해 노력하고 있다는 좋은 소식도 들려왔다.

뽈뜨 리도 마을 다음에는 레몬벨 마을로 갔다. 거기에서 작은 학교를 방문했을 때, 인디오 교사인 소니아 선생님이, "칠판에 당신의 이름을 써 달라"며 분필을 건네주었다. 칠판이 있어도 분필이 부족하기 때문에 정말 필요할 때 말고는 쓰지 않는다고 한다. 스무 명 남짓 되는 초등학생들은 호기심으로 가득 찬 눈으로 나를 바라본다. 아이들의 눈은 아직도 희망을 잃지 않고 있었다.

'다음 세대를 위해서 내가 할 수 있는 일은 무엇일까?'

힘겨운 여행이었지만, 어디에서건 어린아이들의 밝은

모습에서, 나는 오늘도 구원받는다.

1주일 남짓한 시간 동안 아홉 개 마을을 둘러보았다. 저녁에 호텔로 돌아오자 너무 피곤해서 저녁식사 시간까지만 쉬게 해 달라고 부탁하곤 했다. 그러다 눈을 떠 보면, 옷을 입은 채 신발도 벗지 않고 그대로 쓰러져 잠들었다가 아침을 맞이하는 그런 날이 며칠씩 이어졌다. 나중에 일행들에게 "왜 깨우지 않았느냐"고 물었더니, 아무리 깨워도 일어나질 않더라고 했다. 이런 일은 나도 처음 겪는 일이었다. 따꾸앙비리 마을을 마지막으로, 힘든 여행을 무사히 마쳤다. 그런 뒤에 파라과이와 국경을 맞대고 있는 마을인 뽀따뽀란에 도착했다. 이곳은 면세품이 줄을 잇고, 파라과이에서 막 도착한 수많은 식량과 술과 담배, 옷과 전자제품 등이 넘쳐나는 곳이다. 그래서 무엇이든지 값싸게 손에 넣을 수가 있다.

싱구 지역 지원에 일체 간섭하지 않는 빠울로가 충고해 주었다.

"설마 구아라니 족 지원을 진심으로 생각하는 건 아니겠지요? 당신은 몰랐겠지만, 사실 아만빠이 마을 가까이에 있는 〈뿌나이〉 지구에 들르지 않은 까닭이 있어요. 차로 그곳을 지나는데, 인디오가 지구를 점령하고 책임자를 가둔 상태라는 뉴스가 나오더라고요. 세바스찬은 당신이 모르는 편이 낫겠다고 생각해서 설명하지 않았을 거예요. 〈뿌나이〉와 기독교 민간단체가 지원하는 곳을 당신이 또 새로이 지원한다면, 어쩌면 목숨을 잃을지도 몰라요."

빠울로가 나에게 해 주는 말은 소중한 충고이면서, 동시에 큰 부담이다.

이 부족은 수수께끼가 많은데다가, 음산하고 명확하지 않은 부분이 있다. 이쪽을 둘러볼 때는 내가 외출할 때마다 빠울로와 세바스찬이 나에게서 절대로 떨어지지 않았다. 하나밖에 없는 목숨인데다가 아직 할 일이 많이 남아 있기 때문에 나도 아직은 죽고 싶지 않았다. 게다가 살해 당하는 것은 더욱더 곤란하다.

문제는 있지만 여전히 아름다운 자연환경이 살아 있는 싱구 지역의 부족들은 구아라니 족과 비교하면 앞으로 존속힐 수 있는 가능성이 더 높다. 싱구 강을 둘러싼 정글이 이들을 보호하며 외지인을 거부하고 있기 때문이다. 자연이 있고 없고의 차이가 이렇게 큰 것일까! 섣부른 말일지도 모르지만, 구아라니 족은 이미 때가 늦었는지도 모르겠다. 라오니와 메가롱이 까야뽀와 싱구 강에 절대로 알코올이 들어오지 못하도록 한 것은 현명한 처사다. 인디오 지역 술인 고구마 발효즙이 있기는 하지만, 위스키와 맥주를 비롯한 알코올은 싱구 강에서는 반입이 금지되어 있다. 까야쁘 족은 기독교계 민간단체 출입도 거절한다. 처음에 싱구 강을 방문했던 올랜도 씨와 이야기를 나눌 기회가 있었다. 그때 올랜도는 이렇게 말했다.

"기독교를 들여오는 것은 인디오를 멸망시키는 것이나 마찬가지예요. 종교는 그 정도로 강한 힘을 가지고 있지요. 중요한 것은 있는 그대로를 있는 그대로 받아들이는 것입니다."

구아라니 족 사람들에게는, 마음에 중심이 안 잡히고 길 잃은 아이처럼 불안한 느낌이 들 때, 돌아갈 수 있는 신화와 전설이 이미 없다. 자와라라 마을에서 가족 한 명을 자살로 잃은 노인이 이렇게 말한 적이 있다.

"기독교인들이 그러더구만. 천국은 굉장히 좋은 곳이라고 말이야. 그러니 나도 하루 빨리 이런 생활에서 벗어나 천국에 가고 싶어. 살아 있어 본들, 무엇 하나 좋은 일이 없거든."

'그렇지 않아요. 살아가다 보면 반드시 좋은 날이 올 거예요.'

그렇게라도 말해야 옳았겠지만, 나는 이 노인에게 위로의 말을 건넬 수 없었다. 그런 위로의 말조차 무책임한 일이기 때문이다. 그로부터 4년 가까운 시간이 흐른 뒤에 들으니, 구아라니 족의 상황은 예전보다 더 열악해졌다고 했다. 인디오들 사이의 싸움이 격해져, 사람을 죽인 뒤에 나무에 목매달아 자살로 위장하는 일까지 있다고 했다. 분명한 원인은 밝혀지지 않았지만, 어떤 이권 문제가 개입된 것이 아닌가 생각된다. 결국 우리는 구아라니 족을 지원해보지도 못하고 그만두게 되었다. 안타깝기는 했지만 어쩔 수가 없었다. 두 명의 젊은 친구들을 위한 학자금 지원과 작은 초등학교에 교재비를 송금하는 정도로 끝나 아직도 마음이 아프다.

일본 국내에서도 지원 활동을 한번 하려면 많은 어려움을 겪어야 한다. 문화와 언어와 역사와 정치까지 일본과는 전혀 다른 외국에서의 지원 활동은 당연히 국내보다 까다로울 수밖에 없다. 그래서 예상 밖의 어려움과 맞닥뜨리는 일도 많다. 특히 종교 문제는 나에게는 이해의 범위를 넘어선다. 일본이라는 나라는 종교에 대해 느슨하고 관대한 편이다. 신사와 절이 서로 이웃해 있을 정도다. 달리 말하면 일반 사람들 처지에서는 종교가 사람들의 일상과 너무 밀착되어 있어 오히려 아무렇지 않다고 해야 할까? 일 년 내내 신사나 절에 가는 날이 손가락에 꼽힐 정도여서, 새해맞이를 가거나 결혼식과 장례식 정도밖에 떠오르지 않는다. 그런 나라에서 자란 내가 브라질에서는 지겨울 정도로 기독교의 위력을 알게 되었다. 빠울로가 어느 날 나에게 이런 말을 했다.

"내가 어렸을 때는 나무와 꽃과 바다에 정령들이 산다고 믿었어요. 그런데 기독교에서는 유일신 한 분만 있다고 하니까, 그건 참 이상하다고 어머니한테 얘기한 적이 있지요. 그러자 어머니는 '어떻게 그렇게 멍청한 말을 할 수 있느냐, 지금 당장 교회에 가서 회개하고 오너라!' 하며 불같이 화를 내셨어요. 브라질 사람이라면 대부분 기독교에 대한 엄청난 신앙심을 가지고 있어요. 그래서 자신이 기독교인이 아니라고 말하는 데는 아주 큰 용기가 필요합니다."

나 역시 예수 그리스도가 분명 위대하신 분이라고 생각한다. 하지만 예수가 돌아가신 후에 교회 제도와 포교 활동 과정에서, 전부라고는 할 수 없지만, 부정적인 요소를 세상에 퍼뜨리는 결과를 가져왔다는 것 또한 알고 있다. 사람들은 그런 부정적인 주술에서 해방되지 못한 채, 지금까지 살아왔다. 잘못을 저지르면 교회에 가서 회개만 하면 된다는 그런 마음을 가지고 말이다.

백인 문명을 비판한들 아무 소용이 없다는 것쯤은 나도 잘 알고 있다. 애당초 자기 나라에서나 살았으면 좋았을 유럽인들이 욕심에 눈이 멀어 남의 나라로 원정을 간 것

자체가 커다란 잘못이다. 이는 유럽인들만이 아니다. 나라가 번성하면 권력자는 자신의 힘을 과시하기 위해 영토 확장에 힘을 쓴다. 굳이 남의 나라까지 갈 것도 없다. 일본의 역사가 이를 증명한다. 그렇기는 하지만 유럽인들은 자신들의 주변에 있는 숲을 개발하여 도시로 만들고, 종교와 권력을 무기 삼아 다른 대륙으로 자신들의 영역을 넓혀 나갔다. 그리고 그 땅에서 자연을 파괴하고 원주민들을 대량으로 학살하는 일을 되풀이하면서 자원을 빼앗아 오늘날의 번영을 누리고 있다.

내가 굳이 이런 이야기를 여기에서 다시 확인하는 이유는, 이와 똑같은 일이 지금 아마존에서 일어나고 있기 때문이다.

무한한 생물자원이 잠들어 있는 아마존은 전 세계의 주목을 받고 있는 곳이다. 모든 분야 전문가들의 눈에는 엄청난 보물창고로 비칠 것이다. 싱구 강의 보호구역뿐만 아니라 정글을 거주지로 삼고 있는 다른 부족들의 보호구역에서도, 최근 몇 년 사이에 서구 여러 나라의 기업들이 드나들고 있다. 이 기업들은 엄격한 출입 제한을 받고 있는 인디오 보호구역을 자유롭게 드나들고 있는 유럽의 민간단체들에게 자금을 지원하는 대가로, 인디오들의 혈액과 정자를 반출시켜 엄청난 사회문제를 일으키기도 했다. 열대우림의 진귀한 식물 채집과 의료 지원으로 위장해서 저지른 일이었다. 유럽의 미혼 여성들이 강인한 인디오 아이를 낳기 위하여 정자를 산다는 이야기를 어디선가 들은 적이 있다. 브라질 정부가 이에 대한 방지책을 열심히 찾고 있지만 그 사이를 뚫고 이런 반인륜적 행위는 지금도 이루어지고 있다.

세계가 돈을 중심으로 움직이고, 문명인은 그것이 유전자 의학이건 멈추지 않는 환경 파괴건, 신의 영역으로까지 발을 내딛었다. 그런 21세기를 살아가면서 다시 한번 과거의 역사를 되돌아보고 잘못을 반성할 때가 되었다고 생각한다. 어떤 미래를 그려 나갈지, 이 지구라는 별에서 어떻게 살아 나갈지, 진지하게 받아들이고 뜻있는 선택을 해야 할 시기가 왔다.

그것이야말로 내가 언제나 마음속 화두로 삼고 살아가는 숙제다. 아마존 인디언들이 우리 문명에 전하는 말, 바로 인디오의 전언이다.

1996년 9월. 구아라니 족의 거주지에 있는 이런 나무에서 인디오들이 목을 매달아 자살한다.

목장 안으로 이어진 도로. 산성 토양에 목초가 잘 자라지 않아 소들이 말라 있다.

1993년 야노마미 족이 대량으로 학살당한 뒤 이런 포스터를
까야비 족 부락에서 우연히 보게 되었다.

구아라니 족의 전형적인 가옥. 수도도, 가스도, 전기도 없다.

도라도스에 있는 구아라니 족 여성 지도자. 기술 강연 과정을
열고 있는 교회에 초대받았다.

구아라니 족, 레몬벨 마을의 초등학교. 어린이들의 웃는 얼굴에
서 그래도 미래의 빛을 본다.

1997년 7월, 〈뿌나이〉가 없어진다는 이야기를 듣고 라오니가
브라질리아로 달려와 장관에게 진상을 추궁했다.

1997년 7월, 〈뿌나이〉가 없어진다는 것을 알고 브라질리아에서
항의하는 까야뽀 족.

자유의 의지처, 아마존

우연찮은 기회에 아마존과 인연을 맺은 뒤, 뒤돌아보니 벌써 10년 세월이 흘렀습니다. 저는 환경보호 활동하고는 인연도 없이 살아가던 사람이었습니다. 지위도, 명예도, 돈도 없고, 게다가 전문 지식도 없는 사람이 어느 날 갑자기 뜨거운 마음 하나만으로 이 활동을 시작했습니다. 여기서 넘어지고 저기서 깨지면서도 포기하지 않고 이 활동을 계속할 수 있었던 것은 아마존 정글을 사랑했고, 그곳에 사는 인디오들을 사랑했기 때문입니다.

머나먼 태곳적부터, 독자적인 생활양식을 바꾸지 않고 조용히 살아온 싱구 강의 사람들은, 비교적 축복받은 자연환경 속에서 필요 이상의 욕심이나 발전을 바라지 않고 자연의 법칙에 따라 살아왔습니다. 문자도 없고 화폐 제도도 없기 때문에 빈부의 차이가 없이 평등합니다. 서로 개성을 존중하고, 경쟁하지 않으며, 모든 것이 개인이 바라는 대로 이루어집니다.

마을의 일은 마을 사람 모두가 모여 결정합니다. 시간이 충분하기 때문에 다수결로 정하지 않고 한 사람 한 사람이 의견을 내놓을 수 있으며, 누가 어떻게 생각하는지 알 수 있습니다. 그리고 어떤 결정을 내릴 때는, 설마 그 건에 동의하지 않은 사람이 있더라도 그 이유를 모두가 이해하기 때문에 나중에 불평불만이 생기지 않습니다.

그리고 이곳 싱구 강은, 무엇보다 노인들이 건강합니다. 십여 차례 이 땅을 방문했지만, 병들어 누워 있는 노인들을 본 적이 없습니다. 그것은 죽을 때까지 노인에게 주어진 역할이 있기 때문입니다. 특히 문자가 없는 인디오들에게는, 다음 세대에게 구두로 문화를 계승시켜 나가야 된다는 중요한 임무가 있습니다. 그렇게 마지막 한순간까지 생을 누리며 살다가, 어느 날 갑자기 툭, 다른 세상으로 여행을 떠납니다.

까야뽀 족이 사는 어떤 부락에는 조금 특이한 풍습이 있습니다. 미망인이 된 아주머니들이 젊은이들의 동정을 받기 때문에 이 마을의 과부 아주머니들은 묘하게 요염한 구석이 있습니다. 이것도 공동체의 지혜일 것입니다.

'행복'이나 '외로움'이라는 말이 이 지역에는 존재하지 않습니다. 구아라니 족처럼 자신들만의 문화가 사라져 버린 곳에서는 자살하는 사람들이 있지만, 싱구 강에는 그런 사람이 한 명도 없습니다. 따돌림도 차별도 없이, 몸이 불편한 사람을 포함하여 모두 것이 개성으로 비칩니다.

이곳은 진실만이 통하는 세계입니다. 그래서 의문이나 조화롭지 못한 일이 생기면 바로 겉으로 드러나게 됩니다. 그러니 문제가 기지는 일이 없습니다.

가혹한 자연환경 속에서는 서로 도우며 살아가야 하기 때문에 인간도 동물도 식물도 서로 대등한 입장입니다. 강하나를 끼고 이쪽에서는 물을 긷고 저쪽 강가에서는 표범과 까뻬바라가 목을 적시는 풍경을 자주 대합니다. 인디오들은 나무에 열리는 과실을 딸 때도 야생동물들이 먹을 것을 충분히 남겨 둡니다.

인디오의 세계와 우리들 문명인의 세계를 대조해 보면 많은 것을 생가하게 됩니다. 일본에서는 구조 조정과 실업으로 중장년층 사람들이 미래를 잃고, 연간 3만 명 이상이 자살을 합니다. 그리고 많은 노인들은 보금자리를 잃고, 그저 생명을 연명하기 위하여 병원의 흰 벽을 바라보며 엿가락처럼 늘어진 점액 주사를 맞으며 죽을 날만 기다립니다.

국회에서는 민주주의라는 이름으로, 수많은 비민주적인 법안이 강제로 가결되고, 대부분의 국민은 '혹시나 했는데 '역시나'라며 자신의 생각 이상을 넘어서지 못합니다. 그저 원전 사고 같은 일이나 생겨야 조금 떠들썩해질 뿐, 그것도 잠시뿐입니다. 곧바로 무관심해져서는 좁은 범위의 일상 속으로 매몰되어 갑니다. 모든 일들이 하나로 연결되어 있으며, 한 사람 한 사람이 얽혀서 사회가 성립됩니다. 그런 실감을 하지 못한 채, 자기 책임을 애매모호하게 외면해 온 결과가 지금, 수없이 왜곡된 모습으로 드러나고 있습니다.

1999년 여름에 메이나꾸 족 부락에 사는 주술사 무나인이 신비한 낯빛으로 나에게 이런 말을 해 주었습니다.

"겐코, 너희들 사회에 있는 텔레비전이라는 물건은 자신들이 사는 곳에서 일어나는 일 말고 다른 세상에서 일어나는 일도 알려 준다고 하던데, 그걸 좀 구해다 줄 수 있니?"

"그 물건이 왜 필요한데요?"

내가 물었습니다.

"그건, 세상이 전부 멸망해도 우리들은 알 수가 없기 때문이야. 그날을 위해서 그 텔레비전이라는 것이 필요해."

그 말을 듣고 나도 모르게 쓴웃음을 짓고 말았습니다. 하지만 잠시 후에 등골이 오싹해지면서, 어쩌면 무나인의 말이 거짓이 아닐지도 모른다는 생각이 들었습니다. 우리가 사는 세상은 싱구 강의 인디오들처럼 커다란 혈관에 풍부한 혈액이 흐르는 대신 콜레스테롤과 독소로 가득 차, 어느 날 갑자기 핏줄이 툭 터지면서 모든 것이 폭발해 자멸할 것 같은 위기감을 안고 있습니다. 그 순간만 모면하려는 응급 처치에 멈추지 않고 문명인의 삶과 가치관을 근본부터 재고하지 않으면 인류의 미래는 굉장히 힘겨울 수밖에 없습니다. 타인을 배려하는 마음, 자기 자신을 가엾어 하는 자비심이 없다면, 각자의 내면 깊은 곳에 존재하는 진리를 찾기 힘들 것입니다. 무엇을 위해 지구에 태어났는지, 어떻게 살아갈 것인가 하는 물음을, 힘닿는 데까지 생각해야 할 것입니다.

일반적으로 미개하다는 말은 전기, 수도, 가스, 돈, 하물며 휴대전화와 컴퓨터도 없는 벌거벗은 단순함일지도 모릅니다. 하지만 오히려 세상의 도리를 지키며 살아가는 인디오들과 함께 지내면서 나는 소중한 것들을 많이 배웠습니다. 눈에 보이는 자원과는 바꿀 수 없을 만큼 소중한, 보이지 않는 마음을 배울 수 있었습니다. 그래서 그들에게 감사드립니다. 시간과 돈에 휘둘리고 있는 문명인을 볼 때마다 적어도 이 두 가지만큼은 자신의 의지를 가지고 사용해야 된다는 사실도 실감했습니다.

싱구 강 지역에도 몇 년만 지나면 화폐가 들어올 것입니다. 이는 명백한 사실입니다. 그 변화해 가는 시간 속에서 최소한 인디오들이 잘못된 선택을 하지 않도록, 무언가 도움이 되기를 바라는 마음에서 여러 가지 지원 사업을 펼치고 있습니다. 돈이 없는 세계를 지키기 위해서 화폐가 필요하다는, 이런 모순을 안고 말이지요.

일본에서는 후원금 조성 재단과 행정기관의 도움으로 여러 뜻있는 지원 사업을 실제로 펼칠 수 있었습니다. 하지만 우리처럼 장기적인 지원을 하기 위한 기금을 조성하는 단체에서는, 기금을 제공하려는 이들이 우리에게 요구하는 내용이 이해가 되지 않는 때도 있습니다. 이들 제도는 '긴급성과 선구적인 사업'을 중시하는 경향이 강하다 보니 긴급 사태가 발생하지 않도록 방지 조치를 취하는 데 지원이 필요하다는 인식은 높지 않습니다. 선구적인 지원은 눈에 띄고 겉보기에도 화려합니다. 예를 들어, 아마존의 경우처럼 나무 심기 사업에 대한 이해는 있어도 열대우림을 있는 그대로 지키자는, 당장 성과가 눈에 드러나지 않는 지원 사업에 대한 신청은 어려운 경우가 많습니다.

나는 다른 나라를 지원하는 데 한 가지 철학을 가지고 있습니다. 어려운 처지에 있는 사람들에게 무언가를 해 주겠다며 많은 선진국 민간단체들이 가지기 쉬운 오류를 범하지 않겠다는 것입니다. 즉 위에서 아래를 내려다보는 것이 아닌, 서로 자기가 가지고 있지 않은 것을 나누며 그 과정에서 많은 것들을 배워 나가는 겸손함과 감사하는 마음을 가져야 한다는 것입니다. 그런 마음 없이는 진정한 의미에서의 지원은 없다고 생각합니다.

최근 『아마존의 봉인Hermes Leal Coronel FAWCETT』이라는 책을 읽었습니다. 이 책은 약 70년 전에 영국인 남성이 황금의 땅 엘도라도를 찾는 여행 도중에 행방불명된 이야기를 다루고 있습니다. 희한하게도 소식이 끊어진 곳이 바로 싱구 강 상류 지역입니다. 그 후 몇몇 사람들이 그를 찾아 싱구 강에 들어가지만, 대부분의 사람들이 살아서 돌아오지 못했습니다. 1996년, 브라질의 어떤 제약회사가 돈을 지원해 다시 몇 명의 사람이 싱구 강에 들어간 적이 있습니다. 하지만 상류 지역에 사는 인디오 부족들에게 감금당하고 발가벗겨져 간신히 목숨만 건지고 도망가고 말았습니다. 그때 이아라뿌찌 족의 지도자 아리따나가 그들에게 한 말이 상당히 인상 깊었습니다.

"당신들은 이곳에 와서는 안 되었다."

1999년 여름, 내가 싱구 강의 레오날드 지구에서 아리따나를 만났을 때, 아리따나는 이렇게 말했습니다.

"백인들은 왜 존재하지도 않는 가공의 도시와 황금에 마음을 뺏기는지 모르겠다. 이 싱구 강의 자연 자체가 보물이라는 사실을 정말 모른단 말인가?"

어쩌면 정말로 엘도라도가 이 땅에 존재할지도 모릅니다. 하지만 나도 아리따나의 말에 동감합니다. 황금에는 어떤 가치도, 흥미도 없습니다. 하지만 귀를 기울이면 바로 옆에까지 '문명'이라는 괴물이 싱구 강을 향해 다가오는 걸음소리가 들려서 그때마다 온몸이 떨립니다. 하지만 인디오들을 지킬 만한 것은 아무것도 없기에, 그저 조용히 인디오들이 무엇을 선택하고 존속해 나갈지 지켜보는 수밖에 없습니다.

가치관은 인간의 수만큼 다양합니다. 그런데도 자기 기준만으로 다른 이를 판단하는 것은 어리석은 일입니다. 그러니 그것을 인정하는 넓은 마음을 키워 나가야 합니다.

샤반떼 족의 지도자 왓빠리아가 언젠가 이런 말을 했습니다.

"난 남자아이 셋, 여자아이 셋을 낳고 싶었다. 그래서 그렇게 했다."

내가 깜짝 놀라 다시 물었습니다.

"어떻게 그런 일이 가능하지요?"

그랬더니 왓빠리아는 도리어 내게 물었습니다.

"너희들은 그렇게 문명이 발전한 세계를 만들었으면서도 아직도 아들딸을 구분해서 낳을 줄 모르냐!"

그러면서 기막혀 했습니다. 인디오 세계는 아직도 내가 모르는 많은 비밀을 가지고 있는 곳입니다. 그래서 호기심을 자극합니다. 형태는 달라도 나는 아마, 평생 아마존과 함께 할 것입니다.

2000년 3월, 역사에 남는 큰 사건이 있었습니다. 그것은 가톨릭의 최고 권위자인 교황 요한 바오로 2세가 바티칸의 샌피엘 사원 미사에서 과거 가톨릭교회가 범한 잘못을 인정하고 신에게 용서를 구한 것입니다. 이는 원주민에 대한 차별과 억압, 원주민의 전설적인 종교와 문화를 핍박했음을 인정한 것이며 향후 원주민과 새로운 관계를 쌓아 나가는 데 중요한 첫 걸음을 뗀 것이었습니다. 나는 마음 속 깊이 감동하였습니다.

이 책을 쓰는 데 많은 용기를 준 혼노키 출판사의 시바타 케이조紫田敬三 씨에게 특별히 감사드립니다. 글을 못 쓰다 보니 2년 전부터 인터뷰 형식으로 진행하고 있었는데, 시바타 씨가 그랬지요.

"역시 체험 당사자가 쓰는 것이 리얼리티가 있어요. 직접 보고 느낀 것을 거침없이 써 주세요."

그 한마디에 용기를 얻어 1년의 시간을 들이고 나서야 이 책을 완성할 수 있었습니다.

그리고 소중한 친구인 우리 단체의 유키, 바나, 카요, 시호, 구미, 키요 씨와 와니 군, 돗토, 오마마, 그리고 십 년이 넘는 시간 동안 변함없이 응원해 주신 많은 분들에게 감사드립니다.

마지막으로 언제나 내 마음의 의지처가 되어 주는 아마존의 숲과 인디오 여러분들, 그리고 라오니와 메가롱, 빠울로에게 멀리 일본에서 사랑의 메시지를 보냅니다.

메이꾸루미 아유슈빠이!
무이뚜 오브리가다Muito Obrigada!
고마워요!

2000년 봄,
미나미 젠코

대지를 위해 죽은 사람들, 아마존 인디오

내가 처음 이 책을 접한 것은 일본 『아사히신문』에 실린 사설을 통해서였습니다. 그때 나는 한창 자연의학에 빠져 있었는데, 자연과 생명에 대한 새로운 경험이 막 싹트는 시기였습니다. 그래서 우연찮게 본 신문 사설은 충분히 매력적이었습니다. 서점에서 책을 사 읽기 시작하면서 자연스럽게 자연과 함께 살아가는 인디오의 삶에 매료되었습니다.

물론 그전에 『무탄트』, 『나는 왜 너가 아니고 나인가?』, 『내 영혼이 따뜻했던 날들』 등 몇 권의 아메리카 인디언에 관한 책들을 읽었지만 그 책에 나온 대부분의 인디언들은 이미 독자의 문화를 상실했거나 이 땅에 존재하지 않는 사람들이었습니다. 그런 면에서 『오브리가다! 아마존』은 지금도 살아 있고 머지않아 아메리카 인디언들처럼 곧 사라질 위기에 처한 사람들이라는 점이 다르다고 할 수 있습니다.

이미 십여 년 전에 읽었던 책을 새삼 번역하게 된 것은 여러 가지 이유에서입니다. 하나는 최근에 방송된 〈아마존의 눈물〉을 통해, 책에서 읽은 이야기를 다시 보면서 그들의 실상이 더욱 뼈저리게 다가왔다는 것이었고, 또 하나는 프로그램이 자연과 삶에 대한 인디언들의 지혜보다는 그들의 불행한 현실에 초점이 맞추어져 있어서 많이 아쉬웠기 때문입니다.

이 책을 읽다 보면 아마존 인디언들의 자연과 삶, 공동체, 생명을 대하는 법, 우주관과 환경, 관계와 소통에 대한 생각을 엿보게 됩니다. 그리고 그 속에서 꿈을 잃은 사람들은 꿈을, 대인 관계에 절망한 사람들은 관계 맺기를, 행복을 찾는 사람은 행복을 찾을 수 있는 단초를 발견할 수 있을 것입니다.

최근 뉴스에서 구제역으로 인한 대소동이 보고되고 있습니다. 그리고 얼마 전 인도 동부 서벵골에서 인간에 의해 새끼를 잃고 굶주림에 지친 어미코끼리가 주민 열일곱 명을 잡아먹고 사살되었다는 뉴스까지 나왔습니다. 이뿐만이 아닙니다. 지구촌 곳곳에서 가뭄과 해일이 일어나고 하루아침에 호수가 사라지는가 하면 지진으로 피해를 입는 수많은 사람들이 생겨나고 있습니다.

이 모든 일이 자연을 경시하는 사람들의 태도에서 비롯된 것이라 생각합니다. 사람도 절제하지 못하고 잘못된 삶을 살아가면 병이 들게 마련이듯, 자연도 마찬가지입니다. 인간에 의해 파헤쳐지고 깎이고 오염되다 보면 자연도 병에 걸릴 수밖에 없습니다. 그리고 스스로를 치유하기 위한 정화 작용에 들어가게 됩니다. 그것이 기후변화이며 가뭄과 해일, 지진, 광우병과 조류독감 등이라고 생각합니다.

어느 정도 나이가 있는 분들은 이들 인디오의 삶이 전혀 낯설지 않으리라 봅니다. 불과 몇십 년 전만 해도 우리네 역시 인디오들과 비슷한 삶을 살았기 때문입니다. 어느 동네에나 건강한 사람과 몸이 불편한 사람이 함께 살았고, 또 몸이 불편하다고 해서 '장애인'이라는 이름으로 따돌리지도 않았으며, 지혜가 부족하면 부족한 대로, 힘든 일이 있거나 누군가 어려움에 처하면 기꺼이 그 고통을 함께 나누었습니다. 노인들의 죽음을 통해서 아이들은 아주 자연스럽게 죽음에 대해 배웠으며, 아무리 작은 것도 서로 나누고 베풀며 살아갔습니다.

그런데 지금의 우리는 어떻습니까. 몸이 불편하거나 지

혜가 부족한 이들은 '장애인'이라며 한 동네 살기를 거부하고, 자신보다 약한 사람들을 못살게 굴고, 그들의 굴욕적인 모습을 보며 좋아라 웃습니다. 재물이 많은 자는 그 재물을 더 불리기 위하여 타인에게 고통을 주는 일을 서슴치 않으며, 나와 다른 사람은 아무렇지도 않게 배척합니다. 그뿐인가요. 수십, 수만 명의 아이들이 '연예인'을 꿈꾸고, 열 마디 말 중에 아홉 마디는 욕으로 시작해서 욕으로 끝납니다.

아마존 인디언은 말합니다.
"인디오는 대지를 위해서 죽는다!"
"인간은 죽기 위해서 산다!"
지구도 생명이고 나도 생명입니다. 이 책을 통해 독자 여러분들이 아마존 인디오들의 공생과 순환의 지혜를 다시 한번 바라보셨으면 합니다. 내가 살기 위해서는 상대방이 살아갈 수 있도록 도와주어야 하며, 다음 세대를 위하여 자신의 욕망을 절제하고 만족할 줄 아는 삶을 살아야 합니다. 이것이 인디오의 삶입니다.
물론 물질문명을 비난만 하는 것은 아닙니다. 문명을 향한 인류의 욕망은 오늘날 물질문명의 혜택을 주었으니까요. 하지만 이러한 물질문명이 언제까지 계속될 수 있을까요? 지금 필요한 것은 새로운 윤리관일지도 모릅니다. 현재의 경제 위기의 배경에는 우리들 문명인들의 끝없는 욕망이 있습니다. 이러한 욕망에 바탕을 둔 삶에서 나와 너, 우리 모두를 사랑할 줄 아는 이타애의 삶에 눈뜨기를 기원합니다.

스팅과 함께 세계 투어를 함께한 아메리카 인디언 레드 크로우는 이렇게 말합니다.

"사람은 다양한 관계 속에서 살아가도록 신의 허락을 받았고, 또 그렇게 살아간다. 거미집처럼 펼쳐진 수많은 선택 가운데 모든 사람은 각자 한 갈래의 길을 걷게 되어 있다. 그것이 인생이다. 누구나 자신에게 부끄럽지 않은 길을 자신 있게 걸어야 한다. 각자가 바른 선택을 한다면 이 세상은 반드시 놀랍고 멋지게 될 것이다."

이 책을 읽는 분들은 삶의 다양성을 이해하는 분들이라 믿습니다. 그리고 그 다양성을 통해 지공생과 순환의 지혜로운 삶을 살아가는 분들이라 믿습니다.

한 가지, 독자 여러분들에게 양해를 구하고 싶은 부분이 있습니다. 이 책을 읽다 보면 저자가 아마존에서 경험한 믿지 못할 일들이 군데군데 나옵니다. 예를 들어 한밤중에 UFO를 만난 이야기며, 쿠아룹 축제 중에 마을 한가운데를 뚫고 하늘로 올라가는 용 구름을 보았다는 이야기, 주술사들이 사람들을 치료하는 이야기들은 저 역시 '진짜?' 하는 생각을 여러 번 했던 대목입니다. 하지만 시간이 흐르면서 광활한 자연 속에서 인디오들과 원시의 삶을 살다 보면 충분히 그런 일이 일어날 수도 있겠다 싶어 묘하게 납득이 갔습니다. 그러니 경험한 일이 아니라고 해서 부디 저자의 신비 체험을 내치지 마시고 마지막까지 읽어 주셨으면 합니다.

저 역시 삶을 살아가면서 사람들에게 마음을 다쳐 대인 관계를 거부한 적이 있었습니다. 그때 마지막까지 옆에 남아 준 이는 가족과 자연이었습니다. 특히 자연은 제게 스스로 상처를 딛고 일어설 수 있는 힘을 주었습니다. 자연은 우리를 배신하지 않습니다. 자연은 마지막 순간까지 우리를 배려하고 기다려 줍니다.

시간이 되신다면 한번쯤 숲 속에 홀로 고요히 앉아 보십시오. 그리고 주변에 있는 나무와 바위 등 눈에 띄는 첫 번째 대상물에게 마음속으로 고민을 던져 보세요. 그렇게 고요히 앉아 있다 보면 틀림없이 한순간 그 해결책에 대한 영감이 떠오를 것입니다. 현대 문명 생활을 하는 우리가 아마존 인디오와 같은 광활한 자연 속에서는 살 수 없지만

마음먹기에 따라서는 자연과 교류하며 따뜻한 삶을 살아
갈 수 있으리라 봅니다.

  마지막으로 이후출판사와 이 책의 저자 미나미 겐코 씨
에게 깊은 감사의 말씀을 드립니다.

2011년 3월

손성애